a Pasquale Annibale

In quarta: ipotesi di meridiana al Polo Nord

Raffaele Garofano è nato nel 1946 a Guardia Sanframondi. Laureato in Ingegneria Civile Edile, è ricercatore presso il Dipartimento di Progettazione Urbana dell'Università degli Studi di Napoli "Federico II" e conduce il Corso di Disegno Civile della Facoltà di Ingegneria, con sede in Aversa, della Seconda Università degli Studi di Napoli.

Raffaele Garofano

Costruire meridiane
La geometria degli orologi solari

ISBN   978 - 1 - 4461 - 2509 - 0

*Q*ualche anno fa, bighellonando in libreria, m'imbattei in un libro dal titolo *"Scienza e poesia delle meridiane - Piccolo manuale per leggerle e costruirle"* di *Renzo Morchio.*

Ciò che mi colpì molto fu la premessa al volume e, in effetti, ho potuto verificare come l'interesse per un problema così minuto sia "più generalizzato di quanto non sia dato credere".

C'è, tuttavia, un altro motivo che mi ha indotto ad approfondire le questioni legate alla costruzione di una meridiana.

La parola "poesia", mai disgiunta dalla gioia e dalla tenerezza, usata da Morchio nel titolo del suo volume, mi riportò alla mente, tanto più violentemente quanto più era sopito il ricordo, le immagini di misteriosi segni visti da bambino sulla facciata di una casa di campagna. L'immediata, anche se tardiva, comprensione del loro significato mi riportò in un mondo che è stato mio, che in grande misura è stato scandito dal lavoro nei campi, regolato a sua volta, giornalmente, dal percorso di un'ombra su quei segni.

Dal recupero di questa dimensione derivano la gioia e la tenerezza. E sono cose non da poco in un'epoca che si avvia alla "digitalizzazione globale", definizione orrenda di per sé. (Ben utile al 2010, però).

Mi sono chiesto se non fosse possibile coniugare quest'aspetto, che cammina sul filo della memoria, con gli aspetti matematici e geometrici legati alla costruzione di una meridiana in modo da ricavare un manuale che fosse l'ideale continuazione del volume di Morchio ed anche, forse, del volume di *Bosca G.* e *Stroppa P.* *"Meridiane e orologi solari - Presentazione, interpretazione, metodi grafici per realizzarli - Guida pratica".*

Ho trovato alcune risposte e le consegno a tutti coloro che intendono realizzare una meridiana in maniera semplice e rapida e che al tempo stesso desiderano recuperare anche queste piccole radici della nostra cultura.

Questo è un manuale essenziale. Non sono in esso contenute cose che altri hanno già fatto egregiamente. Non sono inserite foto di meridiane, e in verità mi sarebbe parso quasi blasfemo dopo la pubblicazione del bellissimo volume di *Gian Carlo Rigassio "Le ore e le ombre";* o storie della misura del tempo, non solo nella cultura occidentale, dopo la pubblicazione del fondamentale volume di *René R. J. Rohr "Meridiane - Storia, teoria, pratica".*

Con esso si può dare risposta a una sola domanda: *come si disegna una meridiana su un piano comunque orientato nello spazio?*

Dopo l'impostazione del problema dal punto di vista astronomico riportata nei capp. *I* e *II*, è da considerare l'interessante risultato del terzo capitolo.

Premesso che sia il metodo grafico che quello analitico suggeriti si basano su un sistema di riferimento locale di tipo mongiano *(da Gaspard Monge, matematico francese, fondatore della Geometria Descrittiva - 1746,1818),* i problemi che si pongono, rispettivamente, nelle due soluzioni sono:

a) com'è possibile rappresentare il piano generico mediante le sue tracce nel riferimento mongiano locale;

b) come si può scrivere l'equazione del piano generico rispetto allo stesso riferimento se l'asse *y* è perpendicolare al piano orizzontale, l'asse *z* è perpendicolare al piano verticale e l'asse *x*, perpendicolare a *y* e a *z*, appartiene al piano verticale.

Il risultato conseguito nel cap. *III*, e cioè la conoscenza del legame tra gli angoli solidi che il piano generico forma con i piani del riferimento e gli angoli che le sue tracce formano con la retta d'intersezione tra essi *(linea di terra),* li risolve in maniera molto semplice.

Dopo la definizione di quadro orientato del cap. *IV* e dopo aver dato alcuni suggerimenti pratici, senza far ricorso quindi a strumenti topografici, per la misura dei menzionati angoli solidi nel cap. *V*, si è trattato, nel cap. *VI*, il problema del calcolo delle coordinate dei punti d'intersezione dei raggi solari passanti per lo *gnomone*, punta dello *stilo*, con il piano generico, in maniera analitica semplificata. Si sono utilizzate, in forma analitica, operazioni di rotazione e ribaltamento che sono tipiche delle rappresentazioni nel *metodo di Monge*.

Interessante è anche la soluzione interamente grafica del problema affrontata nel cap. *VII*.

Essa è stata perseguita per due vie:

- per l'una si sono utilizzati i risultati acquisiti nel metodo di Monge relativamente ai problemi di posizione degli enti geometrici *(punti, rette e piani): appartenenza, parallelismo* e *perpendicolarità*;

- per l'altra, concettualmente più elegante, si è sottolineata la derivazione del metodo di Monge dai metodi più generali della geometria proiettiva e si sono ottenuti i punti d'intersezione cercati mediante l'istituzione di corrispondenze biunivoche tra piani note con il nome di *omologie piane*.

Per la piena comprensione degli argomenti riportati nei capp. *III÷VII* si rimanda alle trattazioni complete contenute nei testi relativi alla rappresentazione indicati in bibliografia o in testi analoghi.

Il cap. *VIII* è, poi, la base del programma allegato di risoluzione automatica al calcolatore *(come farne a meno?)*. In esso è dimostrato, infatti, quanto sia semplice scrivere l'equazione di un piano comunque orientato e come sia agevole pervenire alla soluzione analitica rigorosa.

Nel cap. *IX* è riportato, a passo a passo, il procedimento per la costruzione dell'equazione del tempo. Esso non è stato reperibile in alcuno dei testi consultati. Tutte le costanti e tutte le equazioni che reggono il problema sono tratte da *"Astronomia pratica con l'uso del calcolatore tascabile "* di *Peter Duffett-Smith*.

Nulla è da aggiungere all'autoreferenziale cap. *X*.

Guardia Sanframondi, novembre 1996

Nota:

questo volume è stato aggiornato nel luglio del 2010. Oltre ad una più precisa formulazione del legame tra angoli solidi formati dai quadri con i piani del riferimento e angoli formati dalle tracce con la linea di terra (cap. III), si è completamente rinnovato il cap. X relativo alla gestione del programma che, pur conservando la struttura originaria, si è riscritto in ambiente Visual Basic.

r. g.

*I*l disegno di una meridiana su un piano generico è un problema prospettivo che consiste nella proiezione del sole S da un punto G su un piano β. Esso è legato perciò ai movimenti della Terra e soprattutto ai suoi due principali: il *moto di rotazione intorno al proprio asse* e il *moto di rivoluzione intorno al Sole*.

Questi fenomeni astronomici, se osservati dalla Terra, hanno sede nel cielo che, pur essendo un'entità fisicamente complessa, appare come una volta sferica sulla quale sono proiettati tutti gli oggetti celesti a prescindere dalla loro posizione relativa. Si è in grado di conoscere la direzione degli oggetti celesti, cioè la loro posizione apparente e non l'effettiva distanza dalla Terra, se si considerano le proiezioni su questa volta che è definita *sfera celeste*. Essa è una sfera di raggio infinitamente grande con l'osservatore posto nel suo centro.

Se si considera immobile l'osservatore, supposto coincidente con il centro della Terra, si osserva che la sfera celeste compie, nell'arco di un giorno, un movimento di rotazione uniforme da est verso ovest intorno ad un asse ideale detto *asse del mondo*. Questo succede apparentemente, perché nella realtà è la Terra che ruota intorno al suo asse. Si ha, inoltre, che da qualunque punto della superficie terrestre si osservano, in uno stesso istante, due stelle, la loro distanza relativa è la stessa. Questo significa che l'angolo formato dalla congiungente la prima stella con l'osservatore e la congiungente l'osservatore con la seconda stella, è sempre lo stesso, in un determinato istante, qualunque sia la posizione dell'osservatore sulla superficie terrestre. Ciò equivale ad affermare che l'*asse del mondo passa sempre per l'osservatore*.

Le stelle, che sono corpi celesti molto lontani dalla Terra, sono dotate anche di moto proprio per cui le loro distanze variano da un giorno all'altro. Queste variazioni sono però scarsamente apprezzabili. Il Sole, la Luna e i Pianeti, invece, sono dotati, oltre che del moto generale della sfera celeste, anche di moti propri che fanno variare sensibilmente le loro posizioni relative per effetto della loro vicinanza alla Terra.

L'asse del mondo interseca la sfera celeste in due punti che sono i *poli celesti* Nord e Sud in coerenza con i poli della Terra. Il circolo massimo perpendicolare all'asse del mondo si dice *equatore celeste*.

La verticale per un punto della Terra interseca la sfera celeste in due punti detti *zenit*, sul capo dell'osservatore, e *nadir* dalla parte opposta.

Il circolo massimo perpendicolare alla verticale del luogo che ha per poli lo zenit e il nadir, si dice *orizzonte celeste* o *razionale* poiché entità geometrica e non fisica.

Il fascio di piani che ha per sostegno la verticale del luogo genera sulla sfera celeste i *circoli verticali* tra i quali assumono particolare importanza il circolo, detto *meridiano astronomico del luogo*, contenente la verticale del luogo e la parallela per il piede di essa all'asse del mondo, e il circolo, detto *primo verticale*, ad esso perpendicolare *(fig.1)*.

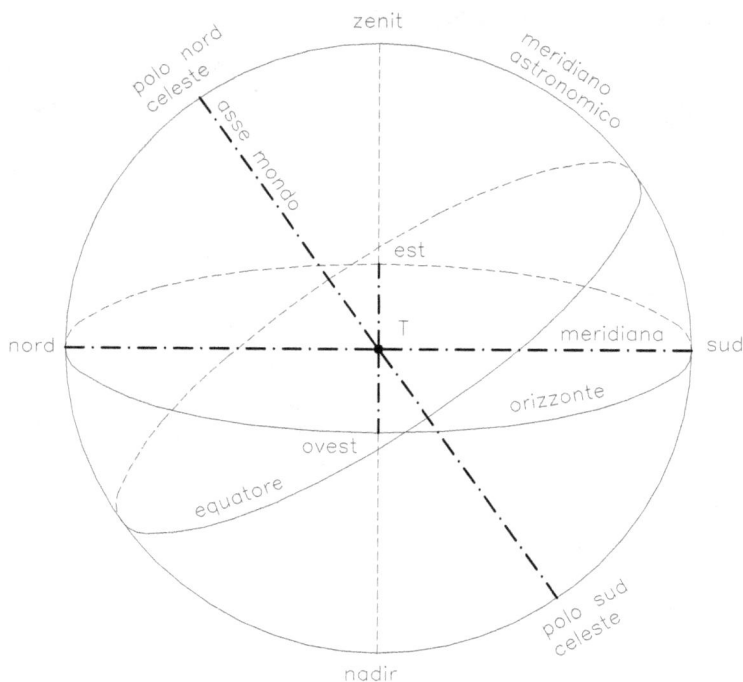

determinazioni astronomiche – fig.1

La retta d'intersezione tra il meridiano astronomico del luogo e l'orizzonte celeste del luogo si dice *retta meridiana* e determina sull'orizzonte i *punti cardinali* Nord e Sud; l'intersezione del primo verticale con l'orizzonte del luogo determina i punti Est ed Ovest. Quando un astro si trova nel piano del meridiano del luogo, si dice che *culmina*. Poiché ciò accade due volte in una rotazione completa della sfera celeste, si dice che la culminazione è *superiore* se l'astro si trova dalla parte del *meridiano superiore*, che ha per estremità i poli e contiene lo zenit, ed *inferiore* se l'astro si trova dalla parte del *meridiano inferiore* contenente il nadir. Per effetto della rotazione reale della Terra intorno al suo asse il Sole ruota in apparenza insieme con la sfera celeste. Nel corso dell'anno, per effetto della rivoluzione reale della Terra intorno al Sole, esso descrive un'orbita, con moto non uniforme ed in senso contrario alla rotazione apparente diurna.

Il piano di quest'orbita è inclinato rispetto all'equatore celeste di *23°,45* che è lo stesso angolo formato dalla normale al piano dell'orbita terrestre reale e dall'asse terrestre. Il piano dell'orbita apparente del Sole taglia la sfera celeste secondo un circolo massimo detto *eclittica (in questo piano avvengono le eclissi)* e l'angolo di circa *23°,45* che esso forma con l'equatore celeste si dice *obliquità dell'eclittica.*

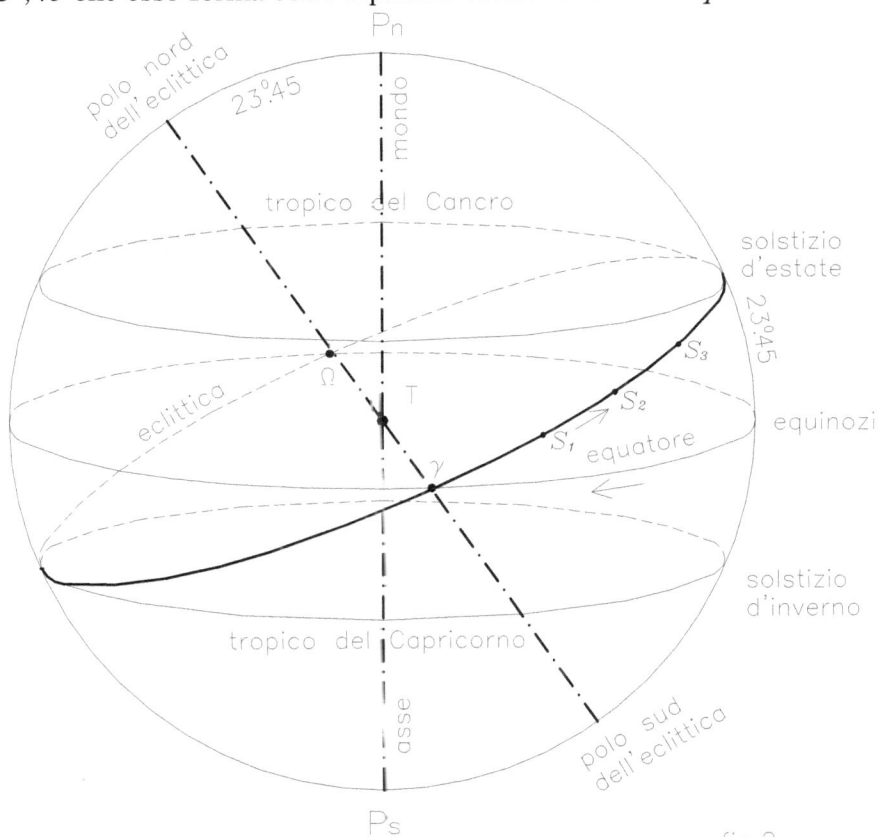

determinazioni astronomiche – fig.2

Il Sole, per effetto del moto proprio sull'eclittica, da un giorno all'altro si sposta da ponente verso levante e verso l'alto o il basso rispetto all'equatore a seconda della posizione. Se esso fosse immobile in un determinato giorno, descriverebbe un circolo parallelo all'equatore celeste per effetto della rotazione della sfera celeste. La composizione di questi due movimenti apparenti è una spirale descritta dal Sole intorno all'asse del mondo con spire sempre più vicine a mano a mano che si allontana dall'equatore. La retta che congiunge l'osservatore con il punto più alto della spirale forma con il piano dell'equatore l'angolo di *23°,45*, mentre la congiungente l'osservatore con il punto più basso forma con lo stesso piano l'angolo di *-23°,45*.

Con buona approssimazione, si può ammettere che il Sole descrive di giorno in giorno un circolo parallelo all'equatore celeste *(fig.2).*

L'eclittica e l'equatore celeste s'intersecano in due punti detti *punti equinoziali* o *nodi*. Il primo, *punto γ*, è il punto nel quale si trova il Sole il *21 marzo*, quando passa dall'emisfero sud all'emisfero nord: è detto anche *nodo ascendente* o *equinozio di primavera*. Il secondo, *punto Ω*, diametralmente opposto, è il punto nel quale si trova il Sole il *23 settembre*, quando passa dall'emisfero nord a quello sud: è detto anche *nodo discendente* o *equinozio d'autunno*. In questi due giorni il Sole descrive l'equatore celeste per cui la durata del dì è pari alla durata della notte.

I punti a *90°* con gli equinozi sono i solstizi. Il *solstizio d'estate* è raggiunto dal Sole il *21 giugno* ed in questo giorno esso descrive un circolo detto *tropico del Cancro* e si ha la durata del dì massima nell'emisfero nord e minima in quello sud. Il *solstizio d'inverno* è raggiunto il *22 dicembre* ed in questo giorno il Sole descrive un circolo detto *tropico del Capricorno* e si ha la durata del dì minima nell'emisfero nord e massima in quello sud.

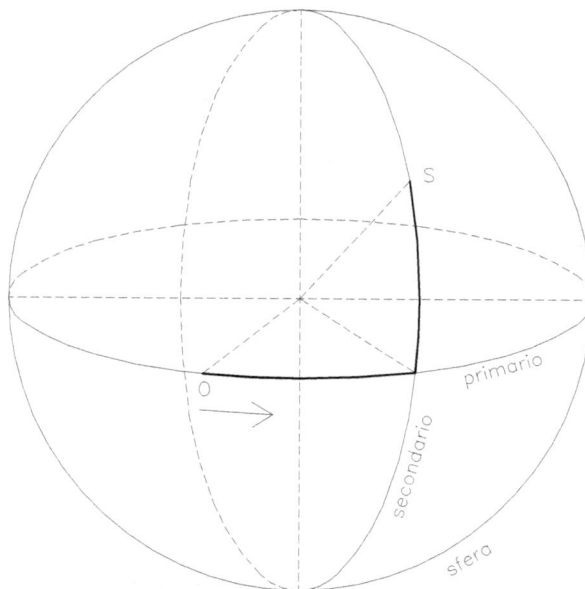

determinazioni astronomiche – fig.3

I sistemi di coordinate.

Per determinare la posizione di un punto sulla sfera celeste si devono utilizzare le *coordinate sferiche* associate a un riferimento. Questo è rappresentato da un circolo massimo detto *primario* e dai circoli, detti *secondari*, passanti per i poli del primario. Se si assumono sul primario un'origine *O* ed un verso di percorrenza, per un generico punto sulla sfera le coordinate sono rappresentate dall'arco appartenente al secondario passante per il punto e che si estende dal punto al primario e dall'arco sul primario che si estende dall'origine all'intersezione con il secondario passante per il punto.

La prima coordinata varia da $0°$ a $-90°$ oppure da $0°$ a $-90°$ a seconda che il punto si trovi da una parte o dall'altra rispetto al primario.

La seconda varia da $0°$ a $360°$ ed è positiva se misurata nel verso di percorrenza definito sul primario *(fig.3)*.

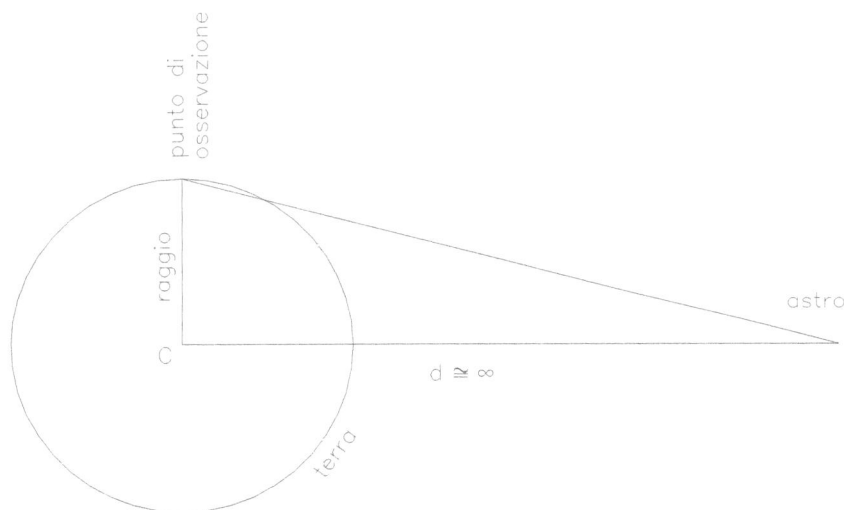

determinazioni astronomiche – fig.4

Il centro di entrambi gli archi è assunto coincidente con il centro della Terra.

Le osservazioni, però, si compiono in genere dalla superficie terrestre per cui, a rigore, bisognerebbe tener conto della correzione angolare dovuta al fatto che la congiungente il centro della Terra con il centro dell'astro, insieme con la congiungente il punto di osservazione con il centro dell'astro ed il raggio terrestre, forma un triangolo.

Il valore dell'angolo al centro dell'astro è però molto piccolo anche nella situazione più sfavorevole di angolo retto al centro della Terra.

Questo è vero per le stelle che sono molto distanti. Per il Sole il valore dell'angolo al centro, tenuto conto della lunghezza del raggio terrestre e della distanza Terra-Sole, è pari al più a circa *2/1000* di grado per cui nella maggior parte delle applicazioni si possono ritenere parallele le congiungenti il centro del Sole con il centro della Terra e con il punto di osservazione *(fig.4)*.

I circoli che è conveniente assumere come primari sono:

- l'orizzonte celeste;
- l'equatore celeste;
- l'eclittica.

e a seconda della scelta si hanno i sistemi di coordinate celesti:

1. coordinate altoazimutali o locali;
2. coordinate orarie o equatoriali locali;
3. coordinate equatoriali;
4. coordinate eclittiche.

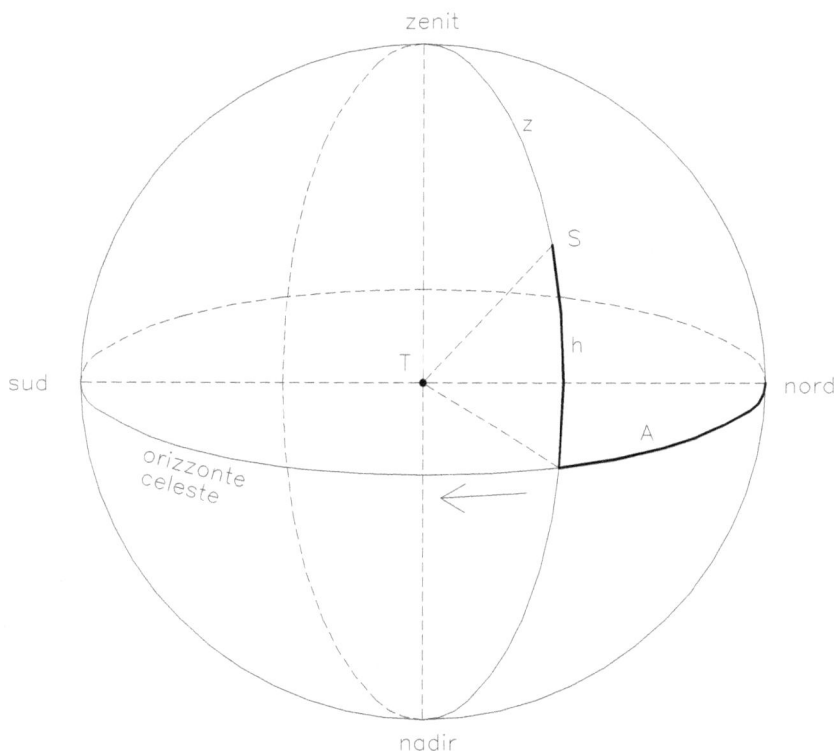

determinazioni astronomiche – fig.5

Sistema 1

Il primario è l'orizzonte celeste. Il piano contenente la verticale del luogo e l'asse del mondo interseca l'orizzonte celeste nella retta meridiana.

L'arco misurato sul circolo verticale passante per il Sole (o qualsiasi altro astro) in un determinato istante è *l'altezza h sull'orizzonte* ed il suo complementare z è la *distanza zenitale*. L'altra coordinata è *l'azimut astronomico A* misurato sul primario, con origine nel punto cardinale Nord, fino al verticale, nel senso orario Nord-Est-Sud-Ovest.

In questo sistema le coordinate variano da luogo a luogo perché varia l'orientamento dell'orizzonte e da istante ad istante per effetto della rotazione della sfera celeste. Per questo sono *coordinate locali (fig.5)*.

Sistema 2

Il primario è l'equatore celeste. L'arco che si misura sul secondario passante per il Sole (o altro astro) è la *declinazione* δ ed il complementare è la *distanza polare*. La coordinata che si misura sul primario è *l'angolo orario t* concorde con il verso di rotazione della sfera celeste e avente origine nel punto in cui il meridiano del luogo taglia l'equatore.

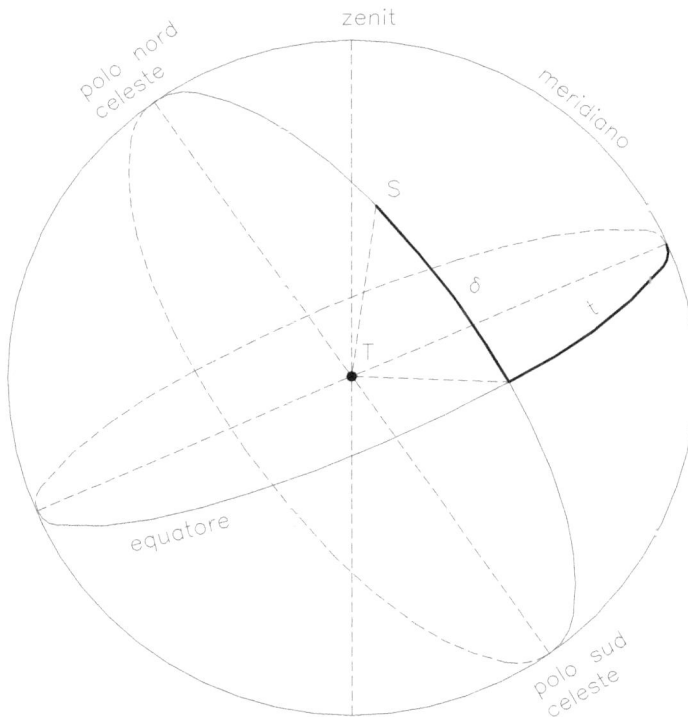

determinazioni astronomiche – fig.6

In questo sistema i circoli secondari sono detti anche *circoli orari*. L'angolo orario si esprime in ore perché si assume di 24^h una rotazione di $360°$ della sfera celeste con le uguaglianze:

$$1^h = 15°; \ 1^m = 15'; \ 1^s = 15''.$$

Anche queste coordinate sono locali in quanto l'angolo orario, pur variando uniformemente nel tempo, dipende dal luogo e dalla rotazione apparente della sfera celeste *(fig.6)*.

Sistema 3

Il riferimento è lo stesso del sistema *2*. Una coordinata perciò è la declinazione.

L'altra coordinata, che in questo caso si chiama *ascensione retta* α, si misura sempre sull'equatore ma con l'origine nel punto γ la cui posizione è definita nello spazio ed è raggiunta dal Sole all'equinozio di primavera.

Queste coordinate non dipendono dal luogo né dal moto di rotazione della sfera celeste e sono analoghe alla *latitudine* e alla *longitudine* che definiscono la posizione dei punti sulla superficie terrestre *(fig. 7).*

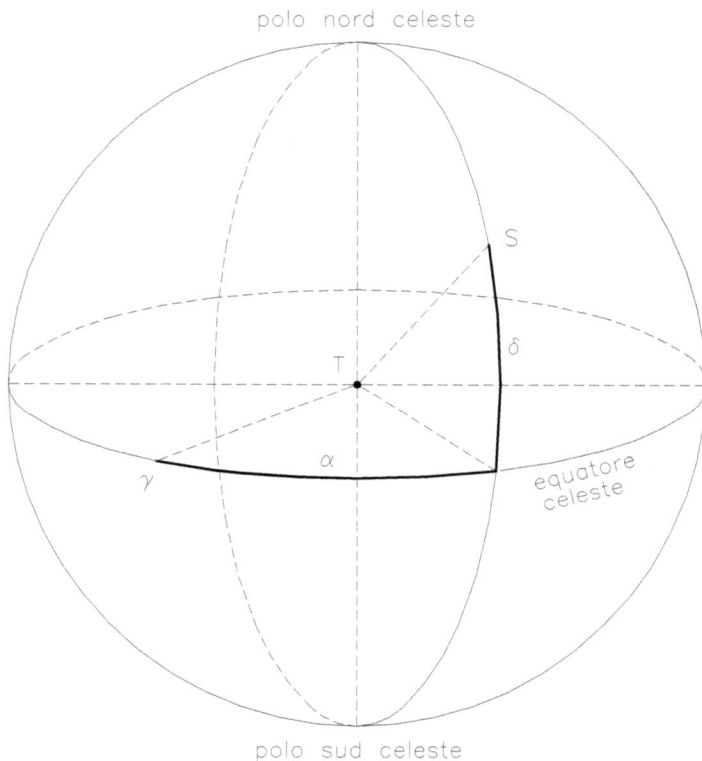

determinazioni astronomiche - fig.7

Sistema 4

Il primario è l'eclittica. Su di esso si misura la *longitudine celeste* a partire dal punto γ in senso contrario alla rotazione della sfera celeste e fino al secondario contenente l'astro. L'arco misurato sul secondario, tra il primario e l'astro, è la *latitudine celeste*. E' evidente che *per il Sole la latitudine celeste è sempre pari a zero*. Anche queste coordinate sono indipendenti dal luogo e dalla rotazione diurna apparente *(fig.8).*

Per i sistemi *3* e *4* bisogna osservare che il punto γ ha posizione definita ma non fissa nello spazio. Esso si sposta di anno in anno lungo l'eclittica, nel senso della rotazione della sfera celeste, perché l'asse terrestre oltre a compiere la rotazione intorno a se stesso compie altri moti periodici, tra i quali quelli di *precessione* e di *nutazione*, dovuti essenzialmente all'attrazione della Luna e del Sole ed in misura minore dei Pianeti e specialmente di Venere.

Questo si traduce in un'oscillazione dell'equatore rispetto all'eclittica per essere esso legato all'asse terrestre da una relazione di perpendicolarità. Il punto γ si sposta lungo l'eclittica nel verso opposto a quello del Sole di *50",25* in un anno e per percorrere i *360°* impiega circa *25800* anni.

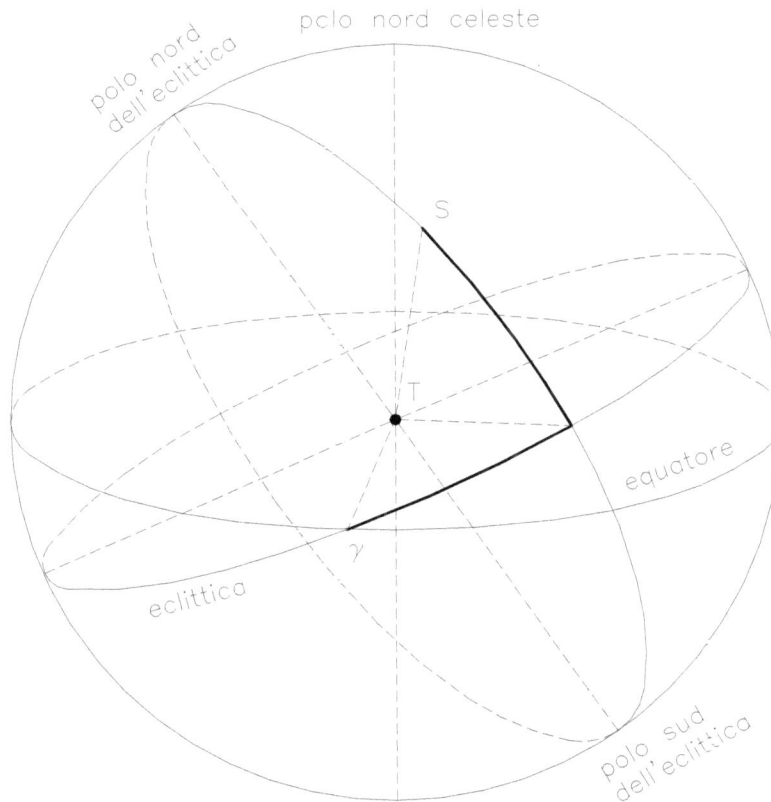

determinazioni astronomiche – fig.8

In un punto della superficie terrestre, l'angolo formato dalla verticale e dalla parallela all'asse terrestre si dice *colatitudine* χ mentre il suo complementare si dice *latitudine geografica* λ.

La *differenza di longitudine* tra due punti della superficie è l'angolo formato dai piani contenenti i meridiani passanti per i due punti:

$$\Delta\omega = \omega_1 - \omega_2 .$$

Da ciò discende la relazione fondamentale:
la differenza di longitudine tra i punti P₁ e P₂ sulla superficie terrestre è pari, in un dato istante, alla differenza degli angoli orari di una data stella: $t_1 - t_2 = \Delta\omega$.

Se si considera la culminazione superiore del punto γ per un dato punto, si definisce *giorno siderale* il tempo che intercorre tra una culminazione e la successiva, e per conseguenza, in un dato istante, l'angolo orario del punto γ è il *tempo siderale* θ, che è pari a zero, evidentemente, all'istante della culminazione. Si verifica immediatamente che per una generica stella la somma dell'angolo orario e dell'ascensione retta ad essa relativi è pari al tempo siderale *(a meno di 24ʰ se tale somma è maggiore di 24): $\theta = \alpha + t$ (fig.9)*.

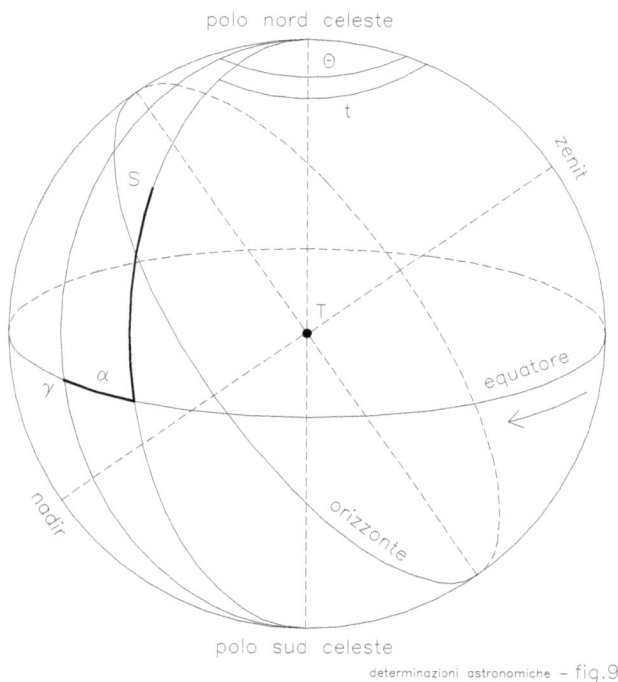

determinazioni astronomiche – fig.9

Per la relazione fondamentale si ha anche che:

$$\omega_1 - \omega_2 = \theta_1 - \theta_2$$

e quindi che *in un determinato istante la differenza di longitudine tra due punti è pari alla differenza dei rispettivi tempi siderali*.

Per il Sole, detti α_s e t_s l'ascensione retta e l'angolo orario, si ha:

$$\theta_s = \alpha_s + t_s.$$

Poiché in un determinato istante il *tempo solare vero astronomico locale* è dato dall'angolo orario del centro del Sole, se $t_s = 0$, istante della culminazione superiore che è il *mezzogiorno vero locale*, l'ascensione retta del Sole è pari al tempo siderale.

L'intervallo di tempo che intercorre tra due successive culminazioni superiori del Sole si definisce *giorno solare vero astronomico* o, più semplicemente, *giorno solare*.

Il Sole percorrendo l'eclittica da ponente verso levante, si sposta su di essa in un giorno di circa un grado per cui ammettendo che esso culmini insieme con una stella, dopo un giorno siderale, la stella sarà nuovamente alla culminazione superiore mentre il Sole, per aver percorso il grado, si troverà in ritardo.

Il giorno solare perciò è più lungo del giorno siderale e si dice che *il Sole è in ritardo rispetto alle stelle*. La differenza è di circa *4* minuti il giorno e in un anno il ritardo è di un giorno e già questo rende complicata l'utilizzazione del Sole per la misura del tempo.

Una complicazione ulteriore si ha perché la durata del giorno solare non è costante nel corso dell'anno: il moto del Sole sull'eclittica non è uniforme. Ciò è dovuto a due ragioni:

- se anche il moto fosse uniforme sull'eclittica, a causa della sua obliquità rispetto all'equatore, ad archi eclittici uguali corrisponderebbero archi equatoriali non uguali con la conseguenza che il moto in ascensione retta non sarebbe uniforme e per ciò stesso non sarebbe uniforme la durata dei giorni solari;
- il moto in longitudine del Sole non è uniforme. L'eclittica è un'ellisse a debole eccentricità ed il Sole percorrendola si trova istante dopo istante a distanze diverse dalla Terra. Ne consegue che l'attrazione gravitazionale tra i due corpi celesti varia da istante ad istante e l'unico modo per compensarla si traduce in una variazione della velocità.

Le distanze minima e massima si hanno alle longitudini celesti di *280° (intorno al 3 gennaio)* e *100° (intorno al 2 luglio)*. Per questi due punti passa il *grande asse* dell'eclittica: nel primo, detto *perigeo*, la velocità del Sole è massima; nel secondo, detto *apogeo*, la velocità è minima.

Nel moto reale della Terra intorno al Sole questi due punti si dicono rispettivamente *perielio* e *afelio*.

La rotazione di circa *10°* dell'eclittica rispetto agli assi equinoziale e solstiziale, insieme con l'eccentricità, comporta che la somma degli archi percorsi dal punto γ al punto Ω attraverso il solstizio d'estate è maggiore della somma degli archi percorsi da Ω a γ attraverso il solstizio d'inverno.

Questo vuol dire che primavera ed estate durano più a lungo di autunno ed inverno, circa *186* giorni contro *179* a favore dell'emisfero boreale *(fig.10)*.

E' possibile, con qualche artificio, utilizzare il Sole per la misura del tempo. S'introduce allo scopo un *primo Sole fittizio* che parte con il Sole vero dal perigeo e percorre l'eclittica con moto uniforme in longitudine celeste.

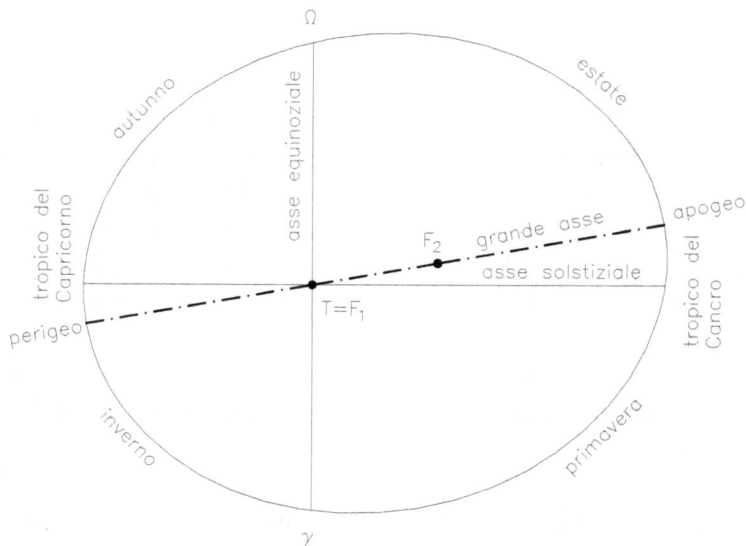

determinazioni astronomiche – fig.10

I due soli passano sempre nello stesso istante per il perigeo e per l'apogeo mentre per gli altri punti dell'eclittica hanno posizioni non coincidenti. Si introduce poi un *secondo Sole fittizio*, detto anche *Sole medio*, che parte con il primo Sole fittizio dal punto γ e percorre l'equatore con moto uniforme. Questi due soli passano sempre nello stesso istante per il punto γ. Si ha così che l'ascensione retta del Sole medio è uguale alla longitudine celeste del primo Sole fittizio, detta anche *longitudine media del Sole*.

Poiché questa è costante, risulta costante anche il ritardo delle culminazioni del Sole medio rispetto alle stelle. Si ha perciò che il *giorno solare medio*, intervallo di tempo tra due culminazioni successive del Sole medio, è pari alla durata del giorno siderale incrementata del ritardo suddetto. Nell'istante della culminazione superiore del Sole medio si ha il *mezzogiorno medio locale*.

L'angolo orario del Sole medio in un dato istante rappresenta il *tempo medio astronomico locale* e se nello stesso istante α_m è la sua ascensione retta, per la relazione fondamentale si ha: $\theta_m = \alpha_m + t_m$.

Ricordando la stessa relazione applicata al sole vero, si ottiene *l'equazione del tempo*:

$$E = \alpha_s - \alpha_m = t_m - t_s.$$

La quantità *E* è la correzione da apportare per ottenere il tempo vero dal tempo medio o viceversa. Essa è una curva che presenta due massimi, due minimi e quattro punti di nullo in corrispondenza del *16 aprile, 15 giugno, 2 settembre e 26 dicembre*, giorni nei quali il mezzogiorno vero coincide con il mezzogiorno medio. Il valore di *E* è dato nelle *Effemeridi Astronomiche*, pubblicazione annuale che raccoglie i dati astronomici; quelli variabili sono riferiti all'ora media del meridiano di *Greenwich (tempo medio di Greenwich TMG)*.

E' anche possibile calcolare di giorno in giorno il valore di *E*, come in seguito è riportato, determinando il valore dell'ascensione retta del Sole a mezzogiorno e ricordando che essa è anche il tempo sidereo alla culminazione superiore.

II - *Coordinate altoazimutali*

Sia nota per un determinato giorno la declinazione meridiana δ del sole. Per le ore di tale giorno è possibile calcolare in maniera semplificata i valori degli azimut e delle altezze.

Nella sezione meridiana del mondo si leggono l'asse del mondo, la traccia dell'orizzonte dell'osservatore P, che è l'orizzonte celeste, le tracce del piano dell'equatore e del piano del parallelo percorso.

Se si ribalta la sezione meridiana sull'orizzonte celeste, si ottiene la proiezione in un'ellisse del parallelo percorso.

Essa ha l'asse maggiore pari al diametro vero del parallelo e l'asse minore pari alla sua proiezione sull'orizzonte *(fig. 1)*.

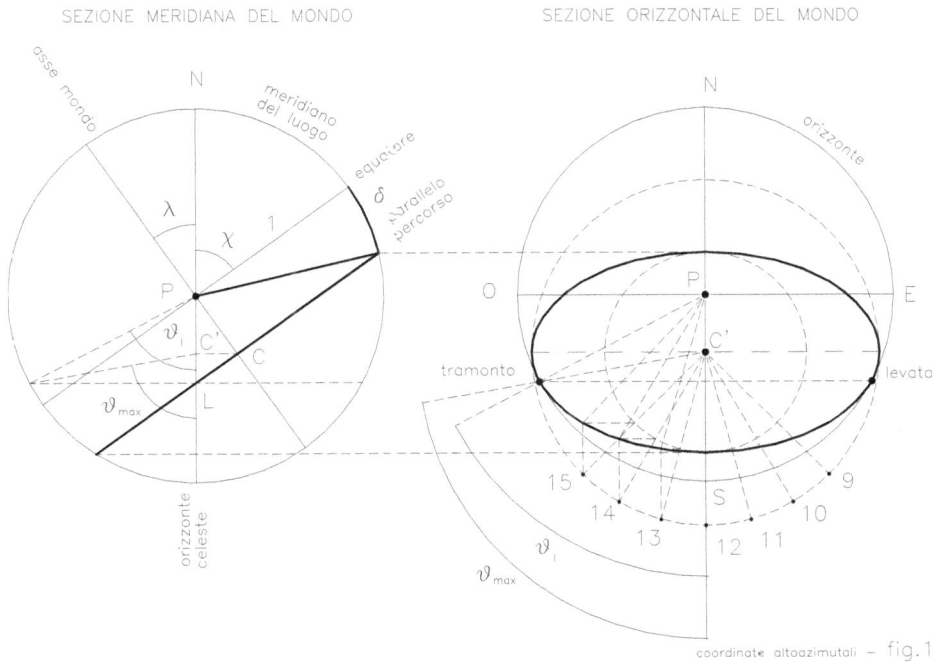

coordinate altoazimutali – fig. 1

Se si assume pari ad *1* il raggio della sfera celeste, l'azimut di levata - tramonto dall'osservatore si ricava dalla relazione

$$\cos(\vartheta_l) = \frac{sen(\delta)}{\cos(\lambda)}.$$

Infatti:

$$PC = sen(\delta); \quad PL = \frac{PC}{\cos(\lambda)}; \quad \cos(\vartheta_l) = \frac{PL}{1}.$$

L'azimut massimo, misurato questa volta dalla proiezione C' di C sull'orizzonte, è:

$$\vartheta_{max} = arc\,tan\left(\frac{HL}{(PL - PC')}\right) = arc\,tan\left(\frac{sen(\vartheta_l)}{\left(\frac{sen(\delta)}{\cos(\lambda)} - sen(\delta) \times \cos(\lambda)\right)}\right).$$

Agli azimut veri misurati dal centro C nel piano del parallelo percorso, corrispondono gli azimut sull'orizzonte misurati dal centro P. I primi hanno incrementi uguali in intervalli di tempo uguali. Gli altri conservano solo la simmetria rispetto alla direzione sud.

Se si vogliono conoscere le coordinate altoazimutali θ, η ad una determinata ora, tenendo conto che è noto l'azimut A nel piano del parallelo in ragione di *15°* per ogni ora rispetto al mezzogiorno e facendo riferimento agli assi x_c, y_c, di origine C, si hanno le coordinate del punto H *(fig. 2)*:

$$x = \cos(\delta) \times sen(A);$$

e

$$y_1 = \cos(\delta) \times \cos(A).$$

La lettura di queste coordinate rispetto al sistema x_p, y_p di origine P risolve il problema.

L'asse x_p passante per l'osservatore P è orientato secondo la direzione est-ovest ed è parallelo a x_c per cui l'ascissa di H, letta nel nuovo riferimento, è pari a quella letta nel riferimento di origine C.

Osservando poi che l'angolo formato dal piano dell'orizzonte e dal piano del parallelo percorso è uguale alla colatitudine χ, si ha l'ordinata rispetto all'osservatore:

$$y = y_1 \times \cos(\chi) - PC'$$

ed in forma estesa:

$$y = \cos(\delta) \times \cos(A) \times \cos(\chi) - \text{sen}(\delta) \times \cos(\lambda).$$

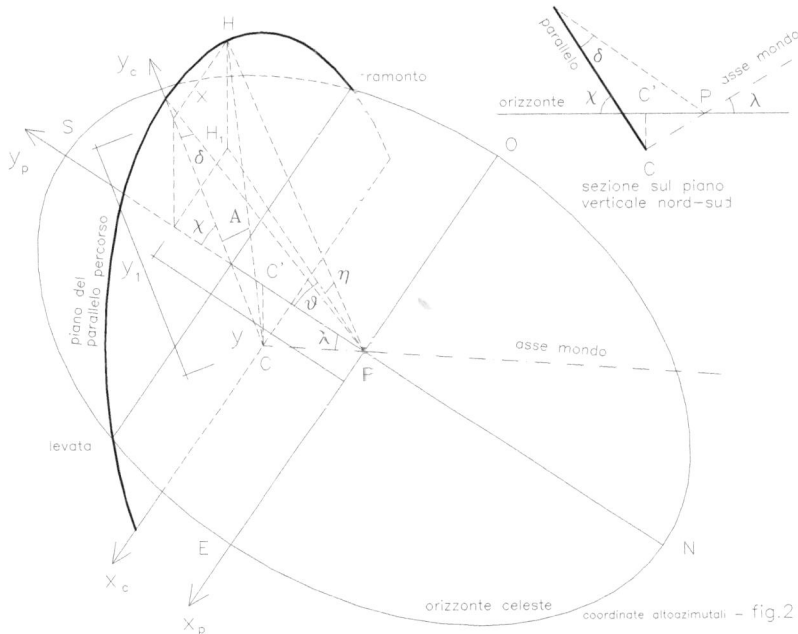

coordinate altoazimutali – fig.2

Se δ è negativa PC' è negativo e si somma; per δ positiva si sottrae.
L'azimut θ da P è perciò *(a meno di 180° se negativo)*:

$$\vartheta = arc\tan\left(\frac{x}{y}\right).$$

Per l'altezza si ha:

$$PH_1 = \sqrt{x^2 + y^2}$$
$$H_1H = y_1 \times \cos(\chi) \times \tan(\chi) + CC'$$

ove $CC' = \text{sen}(\delta) \times \text{sen}(\lambda)$ ed è negativo se δ è negativa.

Pertanto:

$$\eta = arc\tan\left(\frac{H_1H}{PH_1}\right).$$

*L*a rappresentazione di un piano che formi angoli assegnati con i piani del riferimento di Monge, dal punto di vista grafico è semplice. Si tratta, infatti, di rendere un tale piano contemporaneamente tangente alle circonferenze di base di due coni retti appoggiati rispettivamente su π_1 e su π_2 e di fare in modo che i vertici degli stessi appartengano al piano. Le aperture dei due coni individuano gli angoli. Senza orientare tali angoli si ottengono quattro piani dei quali due sono tangenti internamente alle circonferenze di base dei coni e due sono tangenti ad esse esternamente. Una variante è rappresentata dalla individuazione delle ellissi di intersezione dei due coni con il piano bisettore del secondo-quarto quadrante. In tal caso i piani sono individuati da quattro omologie con assi tangenti alle ellissi internamente o esternamente e aventi centro improprio in direzione perpendicolare alla linea di terra.

Queste costruzioni nulla dicono, tuttavia, sul legame che intercorre tra gli angoli solidi che il piano forma con π_1 e π_2 e gli angoli piani che le sue tracce formano con la linea di terra. La determinazione di tale legame, con la sola costruzione grafica di due angoli, consente di ottenere immediatamente le tracce del piano senza disegnare i coni. Il vantaggio maggiore, però, è quello di poter risolvere alcuni problemi di proiezione per via analitica.

1. - Sia P un punto di π_1 e siano P', coincidente con P, e P'' appartenente alla LT, le sue proiezioni. Sia, poi, α_i uno degli infiniti piani che formano con π_1 l'angolo φ_1 e tali che P' appartenga t'_{α_i}.

(Essi sono le infinite coppie di piani, tra loro simmetrici rispetto ad un piano di profilo o rispetto a π_2, che si ottengono per rotazione di α_i intorno alla retta verticale per P', se φ_1 è il più piccolo degli angoli che α_i forma con π_1. Se si orientano gli angoli, si hanno coppie di piani simmetrici che formano con π_1 gli angoli φ_1 e $(180°\text{-}\varphi_1)$ rispettivamente).

t'_{α_i} formi con la LT l'angolo ψ_i *(fig. 1)*. Se si associa ad α_i il piano β_i, proiettante in prima proiezione e perpendicolare in P' a t'_{α_i}, si può tracciare per il punto P'

la retta s_i^* in modo che essa formi con t'_{β_i} l'angolo φ_1. Poiché s_i^* è la ribaltata della retta s_i comune ad α_i e β_i, il punto d'intersezione tra s_i^* e la ribaltata di t''_{β_i} è, evidentemente, la ribaltata della seconda traccia, T''_{s_i} della retta s_i. La prima traccia di s_i, T'_{s_i}, coincide con P'. t''_{α_i} è la congiungente T''_{s_i} con il punto A_i comune a t'_{α_i} e ad LT.

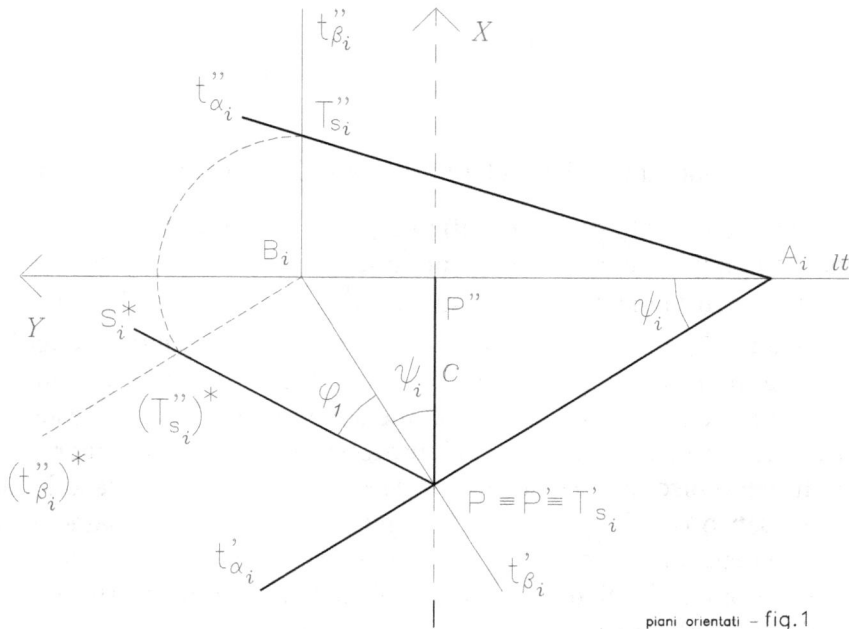

piani orientati – fig. 1

Con lo stesso procedimento, utilizzando un piano γ_i, proiettante in seconda proiezione e perpendicolare a t''_{α_i}, si può determinare l'angolo che α_i forma con π_2.

2. - Si assuma per asse X l'asse orientato passante per $P'P''$ e per asse Y quello ad esso perpendicolare in P' è orientato in modo che il sistema sia levogiro.

Se l'aggetto di P è c si ha *(fig. 1)*:

$$B_i P' = \frac{c}{\cos(\psi_i)};$$

$$B_i P'' = c \times \tan(\psi_i);$$

$$B_i T''_{s_i} = c \times \frac{\tan(\varphi_1)}{\cos(\psi_i)}.$$

Le coordinate di T''_{s_i} sono:

$$x_{T''_{s_i}} = c \times \frac{\tan(\varphi_1)}{\cos(\psi_i)}$$

$$y_{T''_{s_i}} = c \times \tan(\psi_i)$$

Tra gli infiniti piani α_i si considerino il piano parallelo alla *LT*, α_o, e il piano proiettante in seconda proiezione, α_p *(fig.2)*.

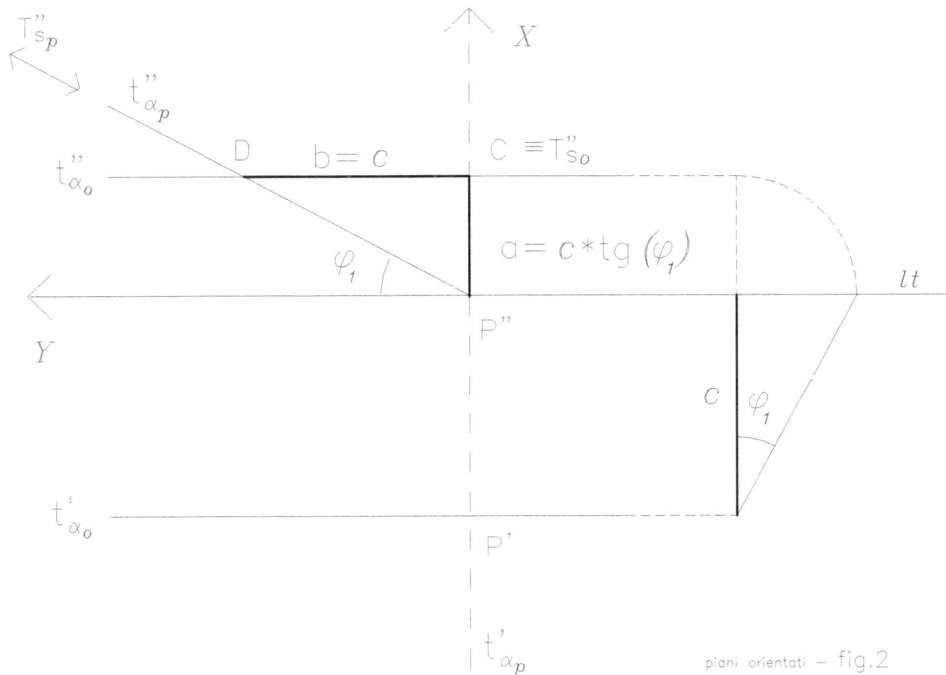

Il piano β_o associato ad α_o è un piano di profilo e si ha:

$$x_{T'_{s_o}} = c \times \tan(\varphi_1);$$
$$y_{T''_{s_o}} = 0; \quad \psi_o = 0;$$
$$t'_{\alpha_o} \, / \, ! \, t''_{\alpha_o} \, / \, / \, LT \, .$$

Il piano β_p associato ad α_p è un piano di fronte *(t''_{β_p} impropria)* e T''_{s_p} è il punto improprio di t''_{α_p}. t'_{α_p} è perpendicolare ad *LT*; t''_{α_p} forma con *LT* l'angolo φ_1.

3. - Dette:

$$a = c \times \tan(\varphi_1) \qquad \textit{distanza PC}$$
$$b = c \qquad\qquad \textit{distanza CD}$$

si ha:

$$\frac{x^2_{T''_{s_i}}}{a^2} - \frac{y^2_{T''_{s_i}}}{b^2} = 1$$

sostituendo, infatti:

$$\left(\frac{\dfrac{(c \times \tan(\varphi_1))^2}{\cos^2(\psi_i)}}{(c \times \tan(\varphi_1))^2} - \frac{(c \times \tan(\psi_i))^2}{c^2} \right) = 1$$

e con rapidi passaggi, tenendo conto che

$$\operatorname{sen}^2(\psi_i) + \cos^2(\psi_i) = 1,$$

la relazione è verificata.

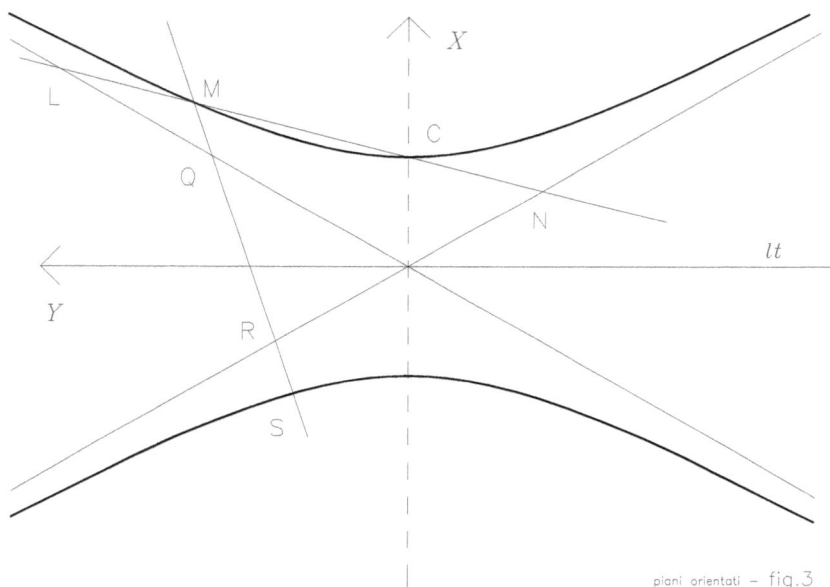

Il punto T''_{s_i} giace sull'iperbole avente per asintoti t''_{α_p} e la simmetrica rispetto ad X *(piano che forma con π_1 l'angolo ($180°$-φ_1)), per tangenti nei vertici t''_{α_0} e la sua simmetrica rispetto a LT (piano del IV diedro per P' parallelo a LT)* e con

$$a = c \times \tan(\varphi_1); \quad b = c.$$

Ad ogni coppia P', φ_1 è associata, pertanto, un'iperbole luogo delle seconde tracce delle rette di intersezione tra i piani α_i, con P' appartenente a t'_{α_i} ed angolo con π_1 pari a φ_1, ed i piani β_i proiettanti in prima proiezione, con t'_{β_i} perpendicolare a t'_{α_i} e P' appartenente a t'_{β_i} . *(Le prime tracce di tali rette coincidono con P').*

Condizione necessaria e sufficiente affinché un piano α_i, *con P' appartenente a t'$_{\alpha_i}$, formi con* π_1 *l'angolo* φ_1 *è che t''$_{\alpha_i}$ sia tangente all'iperbole associata a P',φ_1.*

Noti gli asintoti ed il punto C dell'iperbole si possono ricavare altri punti di essa tracciando per C un fascio di raggi. I punti L ed N degli asintoti sono tali che $LM = NC$. Si possono poi utilizzare i punti M per ricavare altri punti S tali che $RS = QM$ *(fig.3)*.

4. - Assegnati φ_1 e φ_2, il problema si riduce alla determinazione della tangente all'iperbole che individua la t''_{α_i} dell'unico piano che forma con π_1 l'angolo φ_1 e con π_2 l'angolo φ_2.

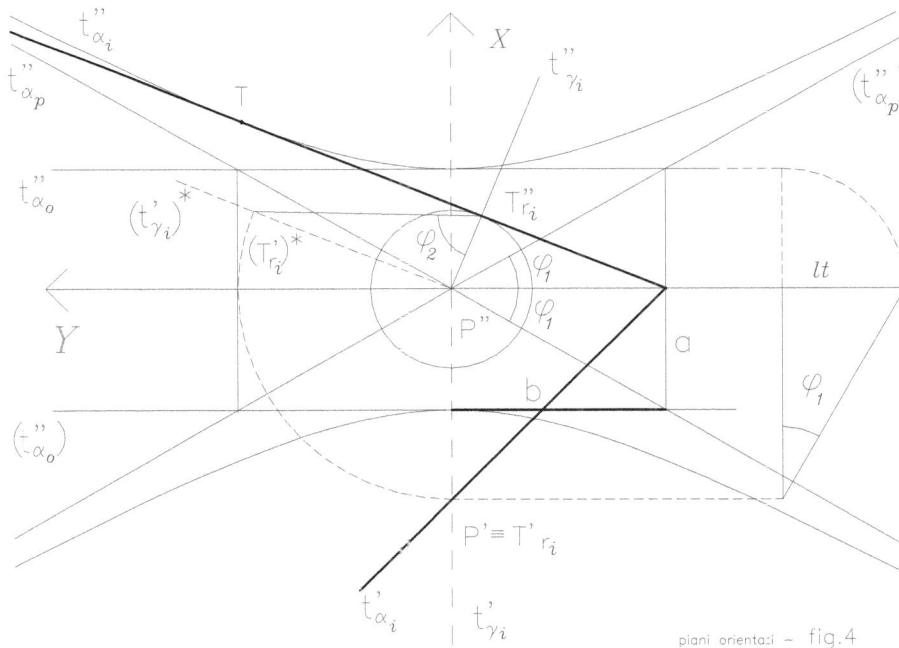

piani orientati – fig.4

Si supponga t''_{α_i} assegnata e sia T il punto di tangenza all'iperbole *(fig. 4)*.

Si consideri il piano γ_i proiettante in seconda proiezione con P' appartenente a t'_{γ_i} e t''_{γ_i} perpendicolare a t''_{α_i}.

La retta r_i d'intersezione tra π_2 e γ_i ha la prima traccia coincidente con P'. Se si unisce la T''_{r_i} con la ribaltata di T'_{r_i} su $(t'_{\gamma_i})^*$, l'angolo in T''_{r_i} è l'angolo che α_i forma con π_2.

Al variare di t''_{α_i}, $(T'_{r_i})^*$ percorre la circonferenza di centro P'' e raggio $P''P'$.

Se si traccia la circonferenza di centro P'' e raggio $P''T''_{r_i}$ si osserva che t''_{α_i} è contemporaneamente tangente ad essa ed all'iperbole.

Da quanto detto innanzi si trae anche che l'angolo φ_2 che α_i forma con π_2 può variare tra *(90°-φ_V), (piano parallelo a LT) e 90° (piano proiettante in seconda proiezione)*.

Graficamente si ha conto di questo osservando che se φ_2 è *90°* il raggio della circonferenza è nullo e per tangenti si ottengono gli asintoti dell'iperbole.

Se invece φ_1 è minore di *(90°-φ_V)*, la circonferenza interseca l'iperbole e quindi la tangente non esiste e perciò non esiste il piano.

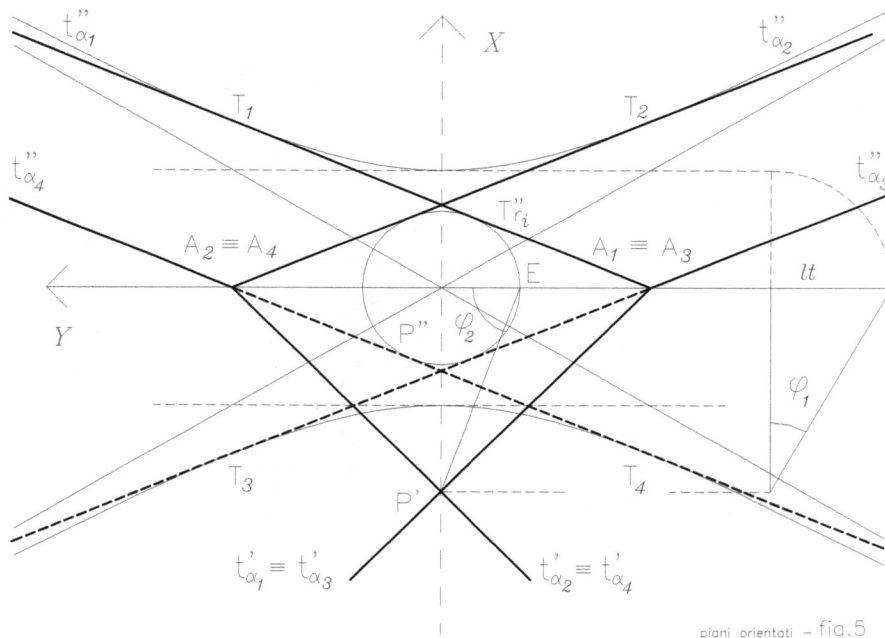

piani orientati – fig.5

5. - E' semplice, ora, determinare le tracce dell'unico piano α che forma gli angoli φ_1 e φ_2 con π_1 e π_2 rispettivamente *(fig. 5)*.

Si tracci l'ipotenusa $P'E$ in modo che l'angolo che essa forma con LT sia φ_2. Si si tracci successivamente la circonferenza di centro P'' e raggio $P''E$. La tangente comune a tale circonferenza ed all'iperbole è t''_α. t'_α è la congiungente il punto A con P'. *(Si ottengono due coppie di piani tra loro simmetrici)*.

Se P' ha aggetto negativo ed uguale in valore assoluto a c, l'iperbole associata per piani che formano con π_1 l'angolo φ_1, coincide con quella determinata per c positivo.

In definitiva i piani che formano gli angoli non orientati assegnati sono quattro *(fig. 6)*.

Dalla figura sembrerebbe che i piani siano otto. Si tratta in realtà di quattro coppie di piani paralleli.

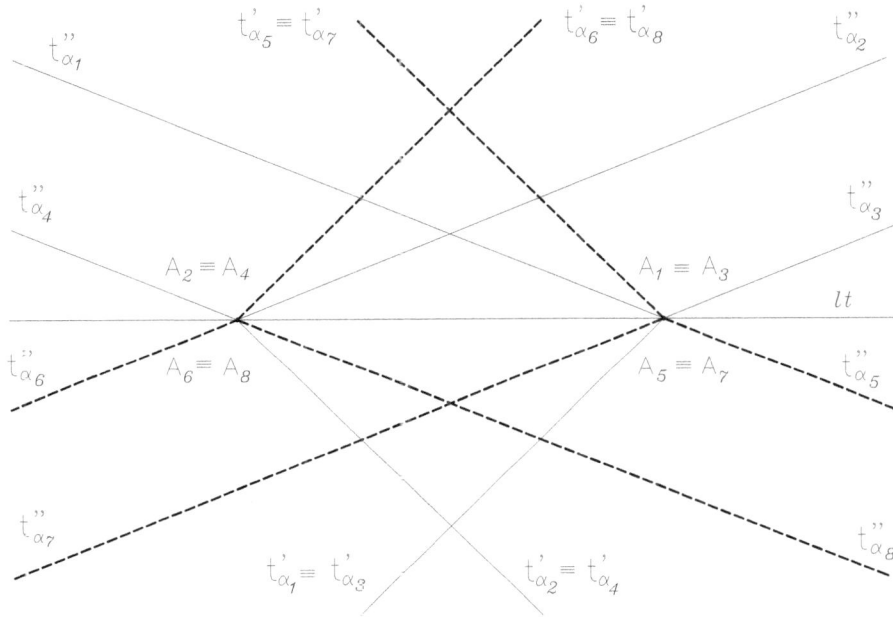

piani orientati – fig.6

6. - Si considerino le equazioni dell'iperbole e della circonferenza:

$$\frac{x_i^2}{a^2} - \frac{y_i^2}{b^2} = 1; \qquad \frac{x_c^2}{r^2} + \frac{y_c^2}{r^2} = 1.$$

L'equazione della tangente comune si può esprimere nei due seguenti modi:

$$\frac{x_i x}{a^2} - \frac{y_i y}{b^2} = 1; \qquad \frac{x_c x}{r^2} + \frac{y_c y}{r^2} = 1.$$

La retta è la stessa, i coefficienti delle incognite sono uguali, per cui

$$\frac{x_i}{a^2} = \frac{x_c}{r^2}; \qquad \frac{y_i}{b^2} = \frac{y_c}{r^2};$$

e quindi:

$$x_i = \frac{a^2}{r^2} x_c; \; y_i = -\frac{b^2}{r^2} y_c;$$

poiché è inoltre:

$$x_c^2 = \sqrt{r^2 - y_c^2}$$

si ottengono le coordinate del punto di tangenza all'iperbole in funzione della sola y_c del punto di tangenza alla circonferenza:

1) $$x_i = \frac{a^2}{r^2}\sqrt{r^2 - y_c^2}; \quad y_i = -\frac{b^2}{r^2}y_c.$$

La distanza tra i punti di tangenza all'iperbole e alla circonferenza è:

$$d^2 = (x_i - x_c)^2 + (y_i - y_c)^2.$$

Se si considera il triangolo rettangolo formato dai punti di tangenza e dal centro della circonferenza, tale distanza si può esprimere anche come:

$$d^2 = x_i^2 + y_i^2 - r^2.$$

Uguagliando le due espressioni, sviluppando e ricordando le *1)* si ha:

$$\frac{a^2 + b^2}{r^2}y_c + (r^2 - a^2) = 0.$$

Da questa si ricava:

$$y_c = \pm\frac{(a^2 - r^2)}{(a^2 + b^2)}r^2$$

e quindi:

$$x_c^2 = \left(r^2 \times \left(1 - \frac{(a^2 - r^2)}{(a^2 + b^2)}\right)\right).$$

L'angolo ω che questa retta, che è t''_α, forma con la linea di terra *(coincidente con l'asse Y)* è dato da:

$$\tan^2(\omega) = \frac{\pm y_c^2}{\pm x_c^2}$$

che sviluppata dà:

$$\omega = arc\tan\left(\sqrt{\frac{\pm(a^2 - r^2)}{\pm(b^2 + r^2)}}\right).$$

Ricordando che: $b = c$; $\quad a = c \times \tan(\varphi_1); \quad r = c \times \cot(\varphi_2)$

si ha:

$$\omega = \arctan\left(\sqrt{\frac{\tan^2(\varphi_1) - \cot^2(\varphi_2)}{1 + \cot^2(\varphi_2)}}\right).$$

Espressa in funzione della tangente:

$$\tan(\omega) = \sqrt{\frac{\tan^2(\varphi_1) \times \tan^2(\varphi_2) - 1}{\tan^2(\varphi_2) + 1}}$$

Dall'equazione:

$$x_c x + y_c y = r^2$$

per $x = 0$ (intersezione di t''_α con la linea di terra)

$$y = \frac{\pm r^2}{\pm y_c} = \frac{\pm c \times \cot^2(\varphi_2)}{\pm r \times \left(\sqrt{\frac{(a^2 - r^2)}{(a^2 + b^2)}}\right)}.$$

L'angolo σ che t'_α forma con la linea di terra è dato da:

$$\tan(\sigma) = \frac{\pm c}{\pm y}$$

e sostituendo e sviluppando si ha:

$$\sigma = arc\tan\left(\frac{\sqrt{\frac{\tan^2(\varphi_1) - \cot^2(\varphi_2)}{1 + \tan^2(\varphi_1)}}}{\cot(\varphi_2)}\right).$$

Ovvero:

$$\tan(\sigma) = \sqrt{\frac{\tan^2(\varphi_1) \times \tan^2(\varphi_2) - 1}{\tan^2(\varphi_1) + 1}}$$

In pratica per disegnare le tracce del piano α è sufficiente conoscere i valori naturali delle tangenti degli angoli ω e σ. La combinazione dei doppi segni nelle precedenti espressioni consente di individuare i quattro possibili piani.

Assegnato un segmento unitario *AB* sulla linea di terra, si possono riportare da *A* o da *B*, perpendicolarmente ad essa, i valori naturali delle tangenti in uno dei quattro modi possibili. I due punti che si ottengono, uniti con l'altro estremo, danno t'_α e t''_α *(fig. 7)*.

Si noti come riportando tali valori simmetricamente rispetto alla linea di terra, il quinto piano sia parallelo al quarto, il sesto al terzo, il settimo al secondo e l'ottavo al primo.

7. - Si orienti la linea di terra in modo che ad un osservatore posto nel primo quadrante, di fronte al piano π_2, essa appaia orientata positivamente verso destra.

Si orientino poi le tracce del piano α in modo che detto *O* il loro punto comune con la linea di terra, la semiretta positiva di origine O su cui giace t'_α appartenga a π_1^- e la semiretta positiva di origine O su cui giace t''_α appartenga a π_2^+. Si misurino gli angoli che α forma con π_1 e π_2 nella regione di spazio definita dalle semirette positive sulle quali giacciono la linea di terra e le tracce del piano. Sia poi δ un piano di profilo con le tracce orientate t'_δ e t''_δ che intersecano la linea di terra in O. I valori degli angoli φ_1 e φ_2 sono funzione della posizione delle tracce del piano rispetto alla linea di terra ed alle tracce di δ.

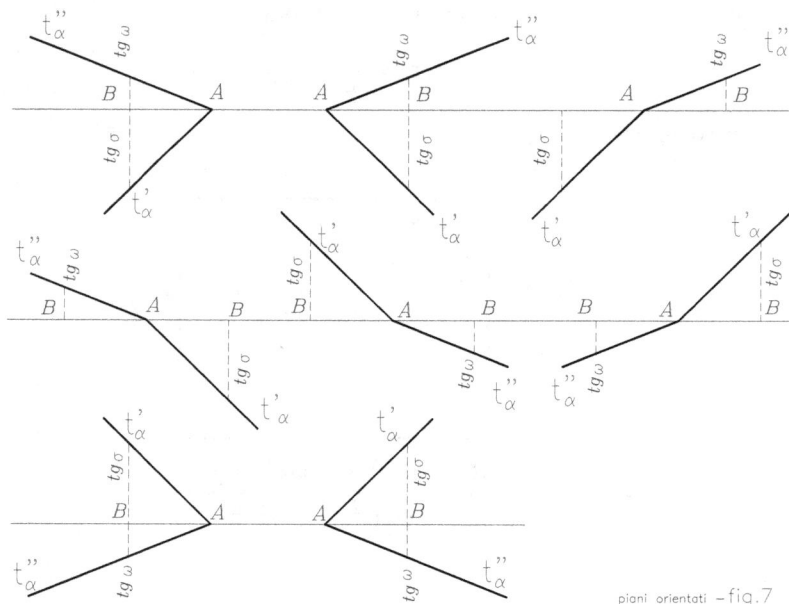

piani orientati —fig.7

Se t''_α giace nel quadrante positivo definito su π_2^+ dalla linea di terra e da t''_δ, l'angolo φ_1 è minore di *90°*; se t'_α giace nel quadrante positivo definito su π_1^- dalla linea di terra e da t'_δ anche φ_2 è minore di *90°* e, viceversa, φ_2 è maggiore di *90°* se t'_α giace nel quadrante definito su π_1^- dalla semiretta negativa della linea di terra e da quella positiva di t'_δ.

Se t''_α giace nel quadrante definito su π_2^+ dalla semiretta negativa della linea di terra e da quella positiva di t''_δ, l'angolo φ_1 è maggiore di *90°*; se t'_α giace nel quadrante positivo definito su π_1^- dalla linea di terra e da t'_δ, φ_2 è minore di *90°* ed è, viceversa, maggiore di *90°* se t'_α giace nel quadrante definito su π_1^- dalla semiretta negativa della linea di terra e da quella positiva di t'_δ *(fig.8)*.

L'enunciato del *punto 3* può essere così generalizzato considerando gli angoli supplementari:

φ_1 è minore di *90°*:

φ_2 deve appartenere all'intervallo: $\qquad [(90°-\varphi_1),(90°+\varphi_1)]$

φ_1 è maggiore di *90°*:

φ_2 deve appartenere all'intervallo: $\qquad [(\varphi_1-90°),(270°-\varphi_1)]$

Ognuno di questi intervalli è detto *dominio di compatibilità*.

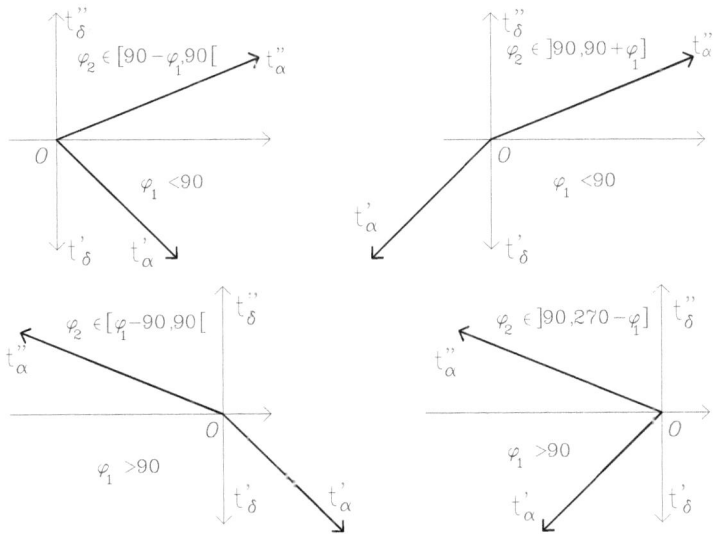

piani orientat – fig.8

Si può riscontrare come per altra via si ritrovi la simmetria a due a due dei piani.

*P*er poter effettuare la proiezione è necessario assumere un sistema di riferimento.

Se si sceglie una rappresentazione mongiana dello spazio, è conveniente far coincidere π_1 con l'orizzonte del luogo e π_2 con il piano ad esso perpendicolare in modo che la linea di terra abbia direzione est-ovest.

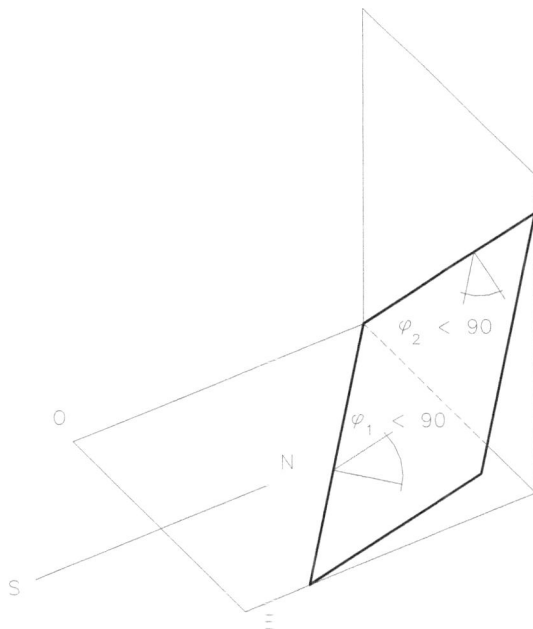

PIANO DI I QUADRANTE DECLINANTE OVEST

orientamento quadro – fig.1

Rispetto a tale riferimento devono essere misurati gli angoli che il piano α, sul quale si effettua la proiezione, forma con π_1 e π_2. Il piano α nel seguito è detto *quadro*.

Col metodo suggerito nel capitolo *III* è poi possibile rappresentare il piano mediante le sue tracce.

E' evidente che in questo caso gli angoli φ_1 e φ_2 devono essere orientati nel senso che deve essere chiaro quale dei quattro possibili quadri, legati ai valori minori di *90°* di φ_1 e φ_2, si sta considerando.

Premesso che in realtà si può operare solo sul semipiano che è al disopra dell'orizzonte rappresentato da π_1, si possono definire i quadri nel modo seguente:

un osservatore posto nel primo quadrante osservi il quadro di profilo; si misurino gli angoli rispetto a π_1 e a π_2 sulla faccia del quadro a destra dell'osservatore:

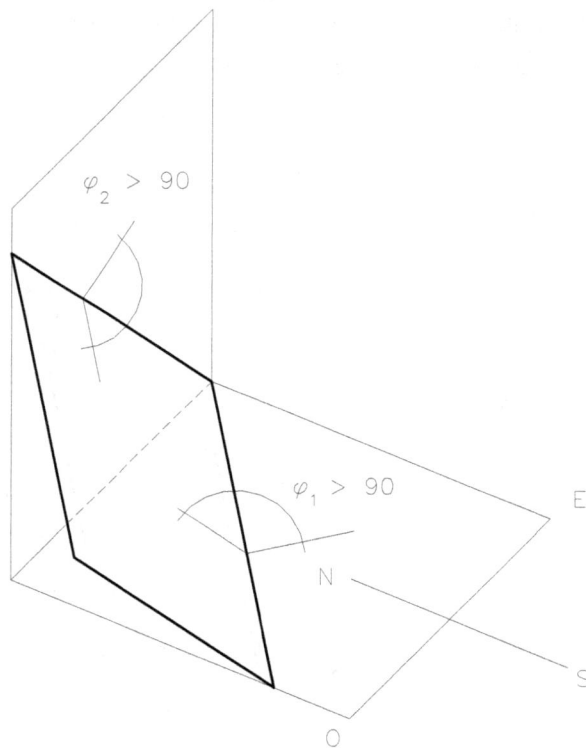

PIANO DI I QUADRANTE DECLINANTE EST

orientamento quadro – fig.2

a) se φ_1 e φ_2 sono entrambi minori di *90°* il quadro si dice di *I quadrante* o *anteriore* e *declinante ovest (fig.1);*

b) se φ_1 e φ_2 sono entrambi maggiori di *90°* il quadro si dice di *I quadrante* o *anteriore* e *declinante est (fig.2);*

c) se φ_1 è minore di *90°* e φ_2 è maggiore, il quadro è di *II quadrante* o *posteriore* e *declinante ovest (fig.3);*

d) se φ_1 è maggiore di *90°* e φ_2 è minore, il quadro è di *II quadrante* o *posteriore* e *declinante est (fig.4).*

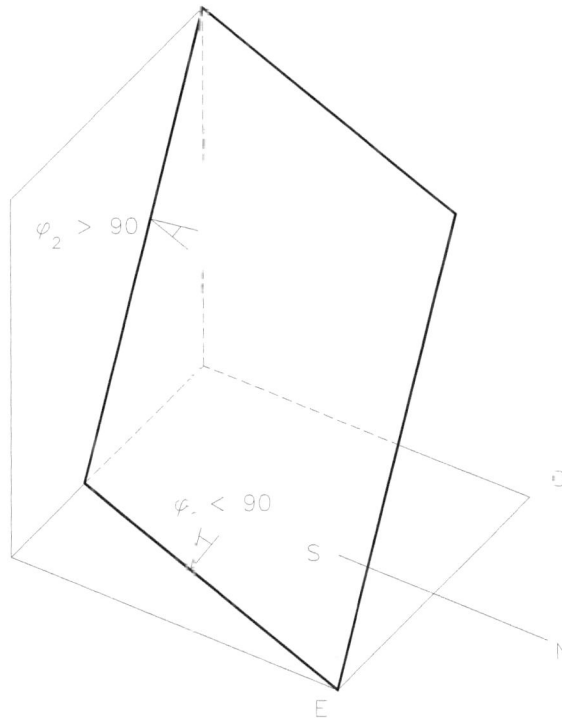

PIANO DI II QUADRANTE DECLINANTE OVEST

orientamento quadro – fig.3

Il quadro, in genere, è la facciata di un edificio e quindi la faccia di un solido per cui le definizioni date sono logiche.

Questo tuttavia non è sempre vero e si può verificare il caso che per il quadro si debbano considerare entrambe le facce. In queste circostanze gli angoli si misurano sempre allo stesso modo ma non ha più significato parlare di quadro declinante est od ovest.

Quando la direzione di proiezione, infatti, è parallela alla prima traccia del quadro, si ha il passaggio dall'illuminamento di una faccia all'illuminamento dell'altra e per questo il quadro è declinante est in certe ore e declinante ovest in certe altre.

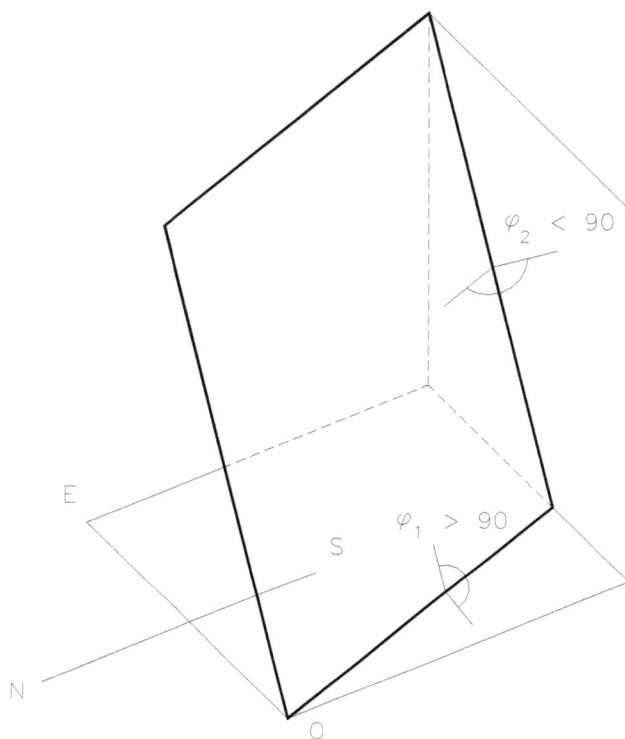

$$\varphi_2 < 90$$

$$\varphi_1 > 90$$

PIANO DI II QUADRANTE DECLINANTE EST

orientamento quadro – fig.4

Si possono presentare i seguenti casi:

a) il quadro è verticale coincidente con π_2:

l'angolo φ_1 è pari a *90°* e l'angolo φ_2 è pari a *0°*.

b) il quadro è di profilo:

φ_1 e φ_2 sono entrambi pari a *90°*.

c) il quadro è verticale generico *(proiettante in prima proiezione):*

φ_1 è pari a *90°;*

L'angolo φ_2, che coincide con l'angolo che la prima traccia del quadro forma con la linea di terra, si può misurare con diversa precisione e presuppone la determinazione della direzione nord-sud.

Si suggeriscono alcuni metodi semplici per determinare la direzione nord - sud.

1. - il più semplice, anche se l'approssimazione è scadente, è quello di utilizzare una bussola.

2. - se il piano verticale interseca un piano orizzontale, è possibile determinare la direzione nord-sud nel seguente modo. Si fissi sul piano orizzontale un'asta verticale o un filo a piombo *(fig.1)*.

Se si segna sul piano orizzontale il punto *A* in cui cade l'ombra dell'estremità dell'asta, o di un punto del filo a piombo, in un momento più o meno precedente il mezzogiorno, si può tracciare sul piano orizzontale l'arco di circonferenza avente per centro *C* il piede dell'asta o il piede della verticale del filo a piombo.

All'atto dell'esecuzione delle operazioni il sole ha una determinata altezza sull'orizzonte; avrà la stessa altezza quando sarà in posizione simmetrica rispetto al mezzogiorno.

Basta allora segnare il punto *B* della circonferenza sul quale in un determinato momento successivo al mezzogiorno, la punta dell'asta, o il punto del filo a piombo, proietta la sua ombra. Se si uniscono i punti A e B e si determina il punto medio M è evidente che la congiungente il centro C con il punto M è la direzione cercata.

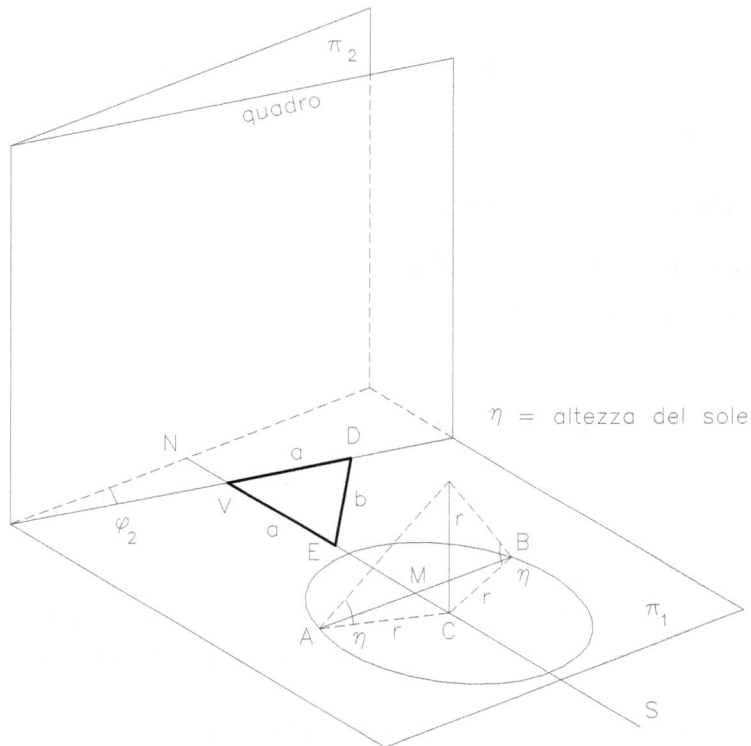

misura angoli – fig. 1

L'angolo che la retta CM forma con la prima traccia del quadro è il complementare di φ_2. La retta CM interseca il quadro nel punto V. Se da V si stacca il segmento VD sulla prima traccia del quadro ed il segmento VE, uguale a VD, sulla retta CM si ottiene un triangolo isoscele. Se si misurano i tre lati di questo triangolo è possibile ricavare il valore di φ_2.

Se a è la distanza VD e VE e b è la distanza DE si ha:

$$\varphi_2 = 90° - arc\tan\left(\frac{b}{\sqrt{a^2 - \dfrac{b^2}{4}}}\right).$$

3. - se si conosce la longitudine del luogo è possibile determinare φ_2 in un modo più semplice *(fig.2)*.

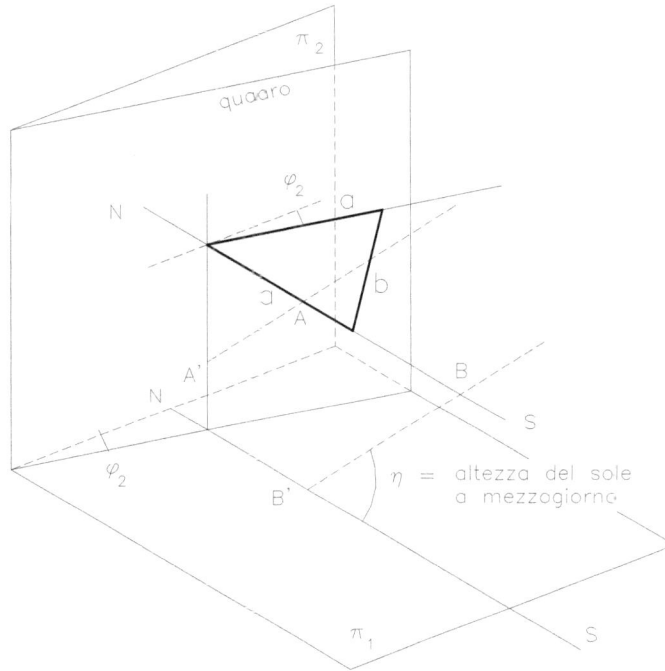

misura angoli – fig.2

Si calcola dapprima la differenza in minuti e secondi tra il mezzogiorno del luogo ed il mezzogiorno relativo al meridiano centrale del fuso.

Si tracciano, successivamente, sul quadro, un segmento orizzontale ed un segmento verticale.

Mediante due aste incernierate in una delle estremità, strumento che i fabbri chiamano *squadro zoppo,* si fa in modo che nel momento del mezzogiorno del luogo una delle due sia sovrapposta al segmento orizzontale e l'altra sia aperta rispetto alla prima in modo che la sua ombra si proietti esattamente sul segmento verticale. Il vertice dello squadro zoppo deve essere posto nel punto d'intersezione tra i due segmenti. Bloccando in questa posizione le due aste è possibile determinare φ_2 come già descritto in precedenza.

Se il meridiano locale è ad est rispetto al meridiano centrale del fuso, con differenza di longitudine positiva, l'operazione va compiuta prima del mezzogiorno del fuso per i minuti e secondi determinati. Con differenza di longitudine negativa l'operazione va compiuta dopo il mezzogiorno del fuso.

Questo metodo si basa sul segnale orario relativo al meridiano centrale del fuso proveniente, per l'Italia, dall'Istituto Elettrotecnico *Galileo Ferraris* di Torino.

d) il quadro è parallelo alla *LT (fig.3):* l'angolo da determinare è φ_1;

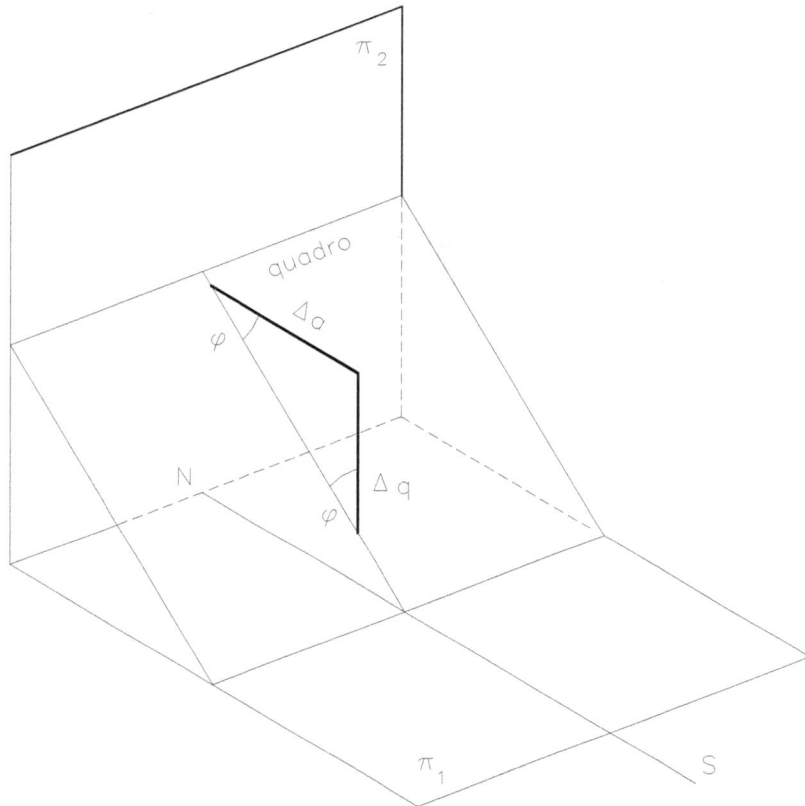

misura angoli – fig.3

la direzione nord - sud è definita dalla retta di massima pendenza del quadro.

Con filo a piombo e livella è possibile misurare le *differenze* di *quota* e di *aggetto* per due punti di tale retta e ricavare φ, il più piccolo degli angoli che il quadro forma con il piano orizzontale

$$\varphi = arc\tan\left(\frac{\Delta q}{\Delta a}\right).$$

Se il quadro è di primo quadrante φ_1 coincide con φ, se il quadro è di secondo quadrante φ_1 è *(180° - φ)*. Nel primo caso φ_2 è *(90° - φ_1)*; nel secondo caso φ_2 è *(180° - (90° - φ))*.

e) il quadro in posizione generica *(fig.4):*

si determina l'angolo φ dopo aver tracciato una orizzontale del quadro con l'ausilio di una livella.

misura angoli – fig.4

Si traccia la retta di massima pendenza, perpendicolare alla orizzontale, e si procede come per il caso precedente.

Si ottiene $\varphi_1 = \varphi$ ovvero $\varphi_1 = (180° - \varphi)$ a seconda della posizione del quadro. La determinazione di φ_2 è più complessa.

Un primo metodo consiste nel fissare su un'asta verticale AB uno squadro costituito da due altre aste orizzontali BC e BD incernierate in B.

Al mezzogiorno del luogo si fa in modo che l'ombra dell'asta BC cada esattamente sull'asta AB.

Fissato lo squadro in questa posizione, si proietta sul quadro in D_0, mediante il filo a piombo, il punto D.

La congiungente $D_0 A$ è la seconda traccia del quadro e rappresenta su di esso la direzione est-ovest. La sua proiezione su un piano orizzontale può essere considerata come linea di terra.

Si scelgano sul quadro tre punti E, F, G non allineati (è conveniente far coincidere uno dei punti con il punto A) e si portino le normali da essi alla seconda traccia

47

del quadro fino ad individuare i punti *H, I, L*.

Se si misurano le distanze ridotte all'orizzonte tra le coppie *E-H, F-I, G-L* si ottengono gli aggetti di *E, F, G* rispetto alla seconda traccia del quadro proiettata sul piano orizzontale.

Misurando infine le differenze di quota tra i tre punti è possibile disegnare le loro prima e seconda proiezione ed ottenere in tal modo la rappresentazione del quadro *(fig.5):* la retta *r* passante per *E* e *G* e la retta *s* passante per *F* e *G* appartengono al quadro e perciò unendo le loro tracce omonime, si ottengono le tracce del quadro.

Utilizzando un piano proiettante in seconda proiezione avente la seconda traccia perpendicolare alla seconda traccia del quadro si determina φ_2, come riportato nel capitolo *II*.

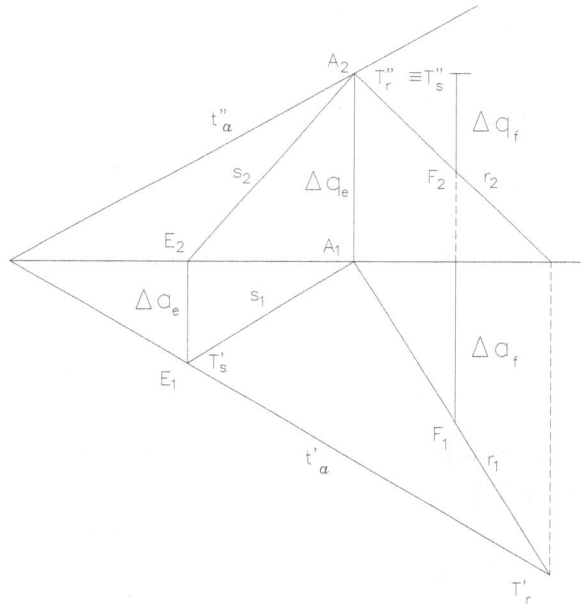

misura angoli – fig.5

Un ulteriore modo per misurare φ_2, senza ricorrere a costruzioni grafiche, implica la costruzione di un telaio di qualche complessità e alcuni semplici passaggi analitici *(fig.6)*.

Sia *ABCD* un telaio munito di piedi incernierati in *A* e *D* tali da poter essere fissati sul quadro. Nel punto *E* sia incernierata l'asta graduata *EF*, libera di scorrere in *F*. Le distanze *DE* e *DF* siano uguali a d_1.

Se si pone il telaio con i punti *A* e *D* su una orizzontale del quadro, in modo che

AB e *CD* siano verticali, dopo aver fissato il piede *D*, si può bloccare l'asta *EF* in *F* e leggere su di essa la misura l_1.

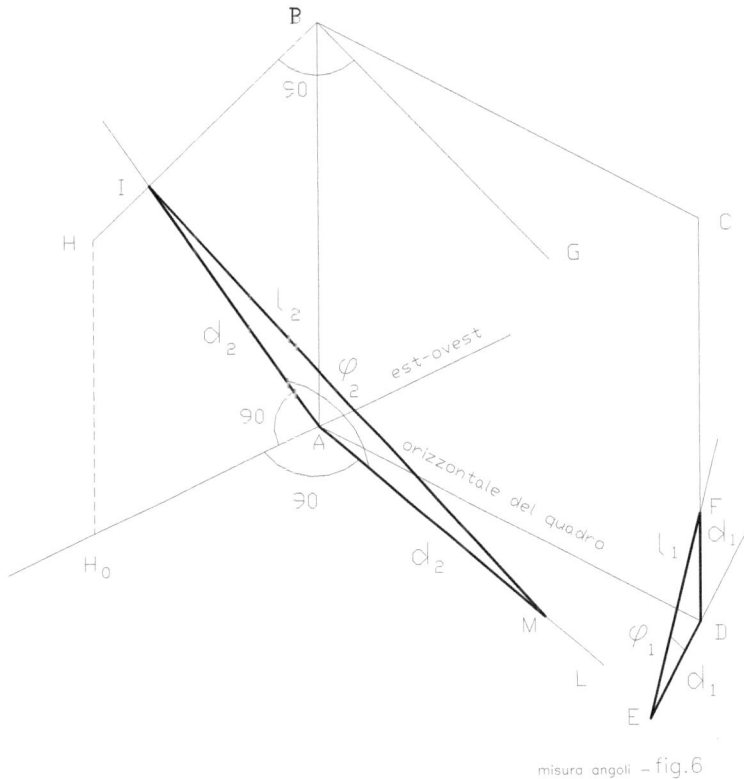

misura angoli – fig.6

Poiché il triangolo *DEF* è isoscele, si ottiene immediatamente

$$cos(\varphi) = \frac{l_1}{2 \times d_1}$$

e quindi:

$$\varphi_1 = arc\tan\left(\frac{\sqrt{(4 \times d_1^2 - l_1^2)}}{l_1}\right)$$

Se sul punto *B* è incernierato lo squadro *BG* - *BH* è possibile determinare, come già descritto, la direzione est-ovest, H_0A, proiettando sul quadro il punto *H* al mezzogiorno del luogo. L'asta *BH* sia dotata di una scanalatura all'interno della quale possa scorrere l'asta graduata *AI*, incernierata in *A*. Si fissi l'estremità *I* in modo che l'angolo in *A* del triangolo H_0AI sia retto. Se si traccia sul quadro la perpendicolare

AL alla H_0A, l'angolo φ_2 è l'angolo in *A* formato dalle rette *AI* - *AL* oppure il supplementare. Se la distanza *AI* è d_2 riportando la stessa distanza sulla *AL* in *M* e misurando la distanza l_2 da *I* ad *M* si ha:

$$\varphi_2 = 180° - 2 \times arc\tan\left(\frac{\sqrt{(4 \times d_2{}^2 - l_2{}^2)}}{l_2}\right).$$

Si assume come centro di proiezione lo *gnomone*, punta dello *stilo* di lunghezza *s*. Il sistema di assi ortogonali *x, y* si assume sul quadro α con l'origine *O* alla base dello stilo. L'asse *x* è la retta d'intersezione di α con il piano orizzontale passante per l'origine; l'asse *y* è la normale a *x* per *O*. La retta d'intersezione di α con π_2 contiene *O*.

Siano noti per un determinato istante l'altezza η e l'azimut θ del sole.

1 - Il quadro verticale.

Se α è verticale φ_1 è *90°* mentre φ_2 appartiene all'intervallo *[0-90°[* oppure all'intervallo *]90°-180°]* (fig.1).

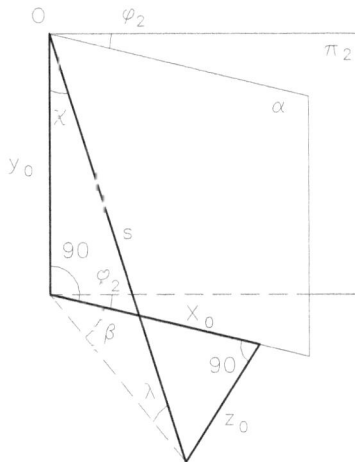

calcolo coordinate – fig.1

Si operi una rotazione del riferimento intorno alla retta d'intersezione di α con π_2 fino a che l'osservatore vede α di profilo. Poiché α è verticale la rotazione è pari a φ_2. Le coordinate dello gnomone rispetto al sistema di assi *x, y* e *z* perpendicolare ad α, se β è il complementare di φ_2, sono:

$$y_0 = s \times \cos(\chi); \qquad\qquad (\, y_0 = s \times \sin(\lambda) \,);$$

$$x_0 = s \times \sin(\chi) \times \cos(\beta); \qquad (\, x_0 = s \times \cos(\lambda) \times \cos(\beta) \,);$$

$$z_0 = s \times \sin(\chi) \times \sin(\beta); \qquad (\, z_0 = s \times \cos(\lambda) \times \sin(\beta) \,).$$

Si assuma come nuovo riferimento di Monge quello che ha il piano orizzontale coincidente con π_1 e per piano verticale il piano π perpendicolare ad α *(fig.2)*.

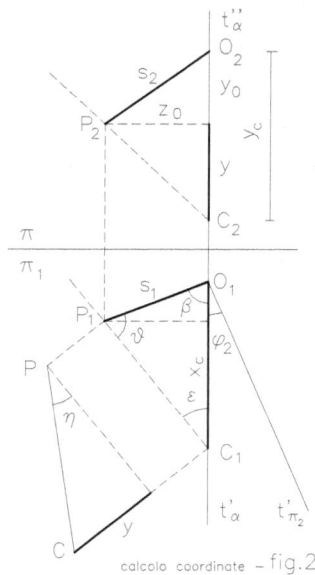

calcolo coordinate – fig.2

Rispetto a questo riferimento siano s_1 ed s_2 le proiezioni dello stilo, P_1 e P_2 le proiezioni dello gnomone e C_1 e C_2 le proiezioni dell'intersezione del raggio con α. Gli altri elementi sono indicati in figura.

E' immediatamente noto:

$\varepsilon = 180° - \beta - \vartheta;$ *(sole ad ovest)*

$\varepsilon = \beta - \vartheta;$ *(sole ad est).*

L'ascissa di C è data da:

$$x_c = x_0 + \frac{z_0}{\tan(\varepsilon)}; \;\; \textit{(sole ad ovest)}$$

$$x_c = x_0 - \frac{z_0}{\tan(\varepsilon)}; \;\; \textit{(sole ad est).}$$

L'ordinata di C è un segmento che appartiene al piano verticale contenente lo gnomone ed il sole. Poiché il segmento è verticale, la proiezione su π ha la sua stessa lunghezza. Il piano, nel quale si deve leggere l'altezza η, ha la prima traccia passante per P_1 e C_1. Esso contiene anche il segmento PC ipotenusa del triangolo rettangolo che ha per cateti $P_1 C_1$ e la distanza y tra C_2 e il piano orizzontale passante per P. Si ha perciò:

$$y = z_0 \times \frac{\tan(\eta)}{\text{sen}(\varepsilon)}$$

e in definitiva

$$y_2 = y_0 + y.$$

2 - Il quadro generico.

Se α è in posizione generica è conveniente associare ad esso un piano verticale α_1 che interseca α nella retta orizzontale passante per O *(fig.3)*.

Facendo ruotare il sistema fino a che α e α_1 si vedono di profilo, si ottiene una situazione del tutto simile alla precedente con in più la seconda traccia di α su π. L'angolo che essa forma con la linea di terra, inoltre, è proprio φ_1.

calcolo coordinate – fig.3

Se si proietta il sole dapprima su α_1 è poi semplice calcolare le coordinate su α. Il sistema di assi x, y è tale che gli assi x di α e α_1 coincidono, l'asse y di α_1 è, come per il precedente caso, verticale, mentre l'asse y di α è la sua retta di massima pendenza per O.

Dalla figura sono noti:

$$s_2 = \sqrt{z_0{}^2 + y_0{}^2};$$

$$\gamma = arc\tan\left(\frac{z_0}{y_0}\right);$$

$\varepsilon = 180° - \beta - \vartheta;$ *(sole ad ovest)*

$\varepsilon = \beta - \vartheta;$ *(sole ad est)*.

Ricordando che è noto y_c, applicando il teorema di Pitagora generalizzato al triangolo $O_2 P_2 C_2$ si ricava:

$$P_2C_2 = \sqrt{s_2{}^2 + y_2{}^2 - 2 \times s_2 \times y_c \times \cos(\gamma)}$$

e mediante il teorema dei seni è possibile determinare l'angolo ζ in C_2:

$$\text{sen}(\zeta) = s_2 \times \frac{\text{sen}(\gamma)}{P_2C_2}.$$

L'angolo φ che la seconda traccia di α forma con la seconda traccia di α_1 è $90° - \varphi_1$ e quindi è noto l'angolo δ in D_2 del triangolo $D_2 O_2 C_2$:

$$\delta = 90° + \varphi_1 - \zeta$$

(i segni variano a seconda della inclinazione di α rispetto allo stilo).

Applicando nuovamente il teorema dei seni si ottiene l'ordinata su α del punto D, intersezione di α col raggio proiettante:

$$y_d = \text{sen}(\zeta) \times \frac{y_c}{\text{sen}(\delta)}.$$

L'ascissa, come è evidente dalla figura, è:

$$x_d = x_c - y_d \times \frac{\text{sen}(\varphi_1)}{\tan(\varepsilon)}$$

(i segni variano a seconda della posizione del sole).

Casi particolari.

Per alcuni piani è conveniente la determinazione diretta piuttosto che ricorrere al caso generale. Si modifica in questo modo il riferimento cartesiano ed i valori di x_0, y_0, z_0 vengono calcolati in modo diverso di volta in volta.

1 - Il quadro orizzontale.

L'origine degli assi è sempre la base dello stilo *(fig.4)*; l'asse *x* è orientato verso est e l'asse *y* verso nord.

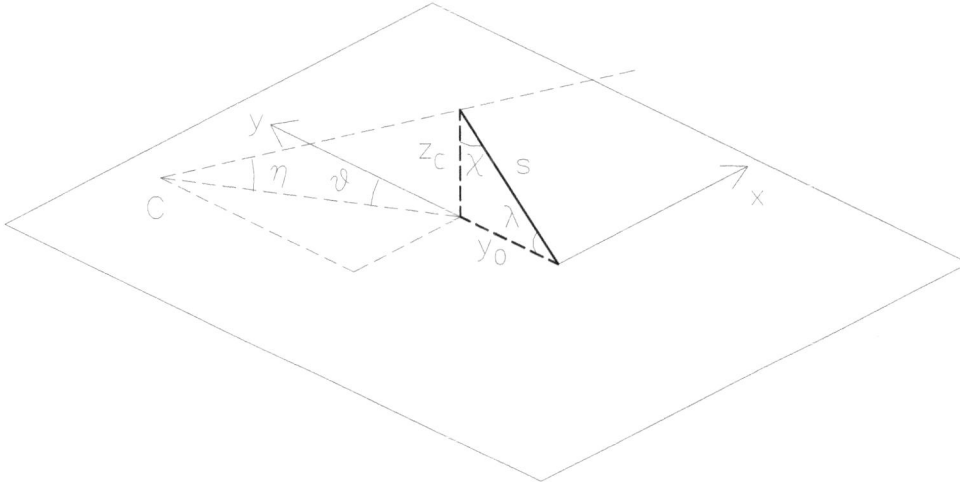

calcolo coordinate – fig.4

Come si desume dalla figura:

$$x_0 = 0;$$

$$y_0 = s \times \cos(\lambda);$$

$$z_0 = s \times \mathrm{sen}(\lambda).$$

Le coordinate, per assegnati valori di η e θ, sono:

$$x_c = z_0 \times \frac{\mathrm{sen}(\vartheta)}{\tan(\eta)};$$

$$y_c = z_0 \times \frac{\cos(\vartheta)}{\tan(\eta)} + y_0.$$

2 - Il quadro di profilo.

In questo caso il quadro contiene lo stilo. Si deve operare una traslazione orizzontale di esso che si può assumere pari alla lunghezza *s*.

Per il quadro declinante ovest *(fig.5)*, l'asse *x* è orientato verso sud e l'asse *y* verso il basso *(le coordinate sono speculari se il quadro è declinante est).*

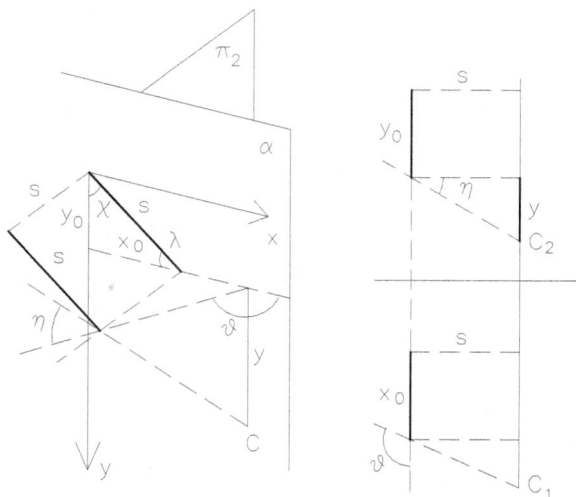

calcolo coordinate – fig.5

Si ha:

$$x_0 = s \times \cos(\lambda);$$
$$y_0 = s \times \mathrm{sen}(\lambda);$$
$$z_0 = s.$$

E quindi:

$$x_c = x_0 - \frac{s}{\tan(\vartheta)};$$

$$y_c = y_0 + \frac{s}{\mathrm{sen}(\vartheta)} \times \tan(\eta).$$

3 - Il quadro parallelo alla linea di terra e contenente lo stilo.

Per questo piano particolare è necessario spostare lo stilo verso l'alto di una quantità che si può assumere pari a

$$y_0 = s \times \mathrm{sen}(\lambda).$$

Si ha *(fig.6)*

$$\varpi_1 = \lambda,$$
$$\varphi_2 = \chi,$$
$$\beta = 90°.$$

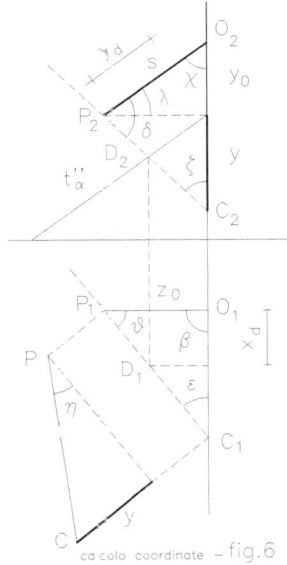

calcolo coordinate – fig.6

Dai valori di:

$$x_0 = 0;$$
$$y_0 = s \times \mathrm{sen}(\lambda);$$
$$z_0 = s \times \cos(\lambda)$$

si ottengono, come per il caso generale, le coordinate di C:

$$x_c = z_0 \times \frac{\mathrm{sen}(\vartheta)}{\mathrm{sen}(\varepsilon)};$$

e detto $\quad y = z_0 \times \dfrac{\tan(\eta)}{\mathrm{sen}(\varepsilon)}$

$$y_c = y_0 + y.$$

Per calcolare le coordinate del punto D su α, tenendo conto che questa volta l'angolo γ coincide con la colatitudine χ, si ricavano l'angolo ζ in C_2 e l'angolo

δ in P_2 con lo stesso procedimento adottato nel caso generale.

Si ottengono così:

$$y_d = \text{sen}(\zeta) \times \frac{(y_c - y_0)}{\text{sen}(\delta)}$$

$$x_d = x_c - y_d \times \text{sen}(\chi) \times \tan(\vartheta)$$

con l'avvertenza che il segno di x_d cambia a seconda che ci si trovi prima o dopo il mezzogiorno.

4 - Il quadro proiettante in seconda proiezione.

Il sistema di riferimento è tale che l'asse x è una retta di massima pendenza di α, assunto declinante ovest, orientata verso est, mentre l'asse y è una orizzontale orientata verso nord. L'origine O, al solito, è il piede dello stilo e perciò *(fig. 7)*:

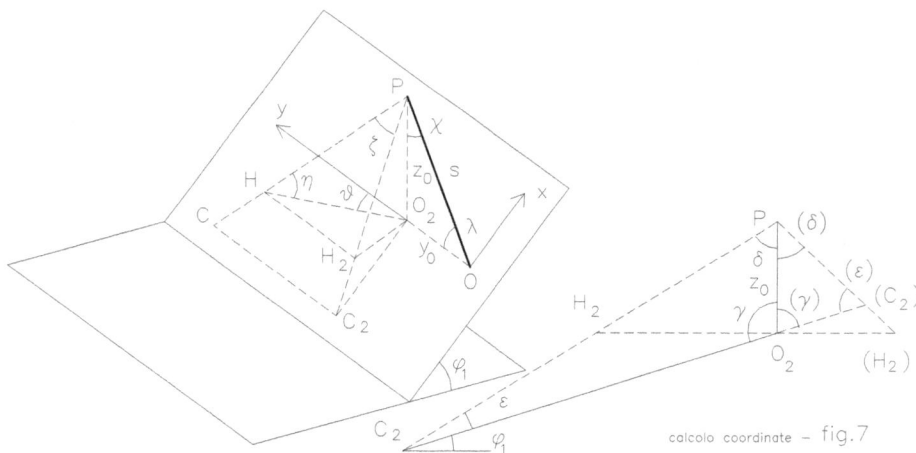

calcolo coordinate – fig.7

$$x_0 = 0;$$
$$y_0 = s \times \cos(\lambda);$$
$$z_0 = s \times \text{sen}(\lambda).$$

Si consideri il punto H d'intersezione tra il raggio proiettante per P e la sua proiezione sul piano orizzontale passante per O.

Siano H_2 e O_2 le proiezioni di H e O sul piano parallelo a π_2 passante per P.

Se C è l'intersezione del raggio proiettante con α e C_2 è la sua proiezione, l'ascissa e l'ordinata di C sono rispettivamente la distanza O_2C_2 e la distanza C_2C.

Si ha:

$$O_2H_2 = z_0 \times \frac{sen(\vartheta)}{\tan(\eta)};$$

$$HH_2 = z_0 \times \frac{\cos(\vartheta)}{\tan(\eta)}.$$

e si possono ricavare gli angoli:

$\gamma = \varphi_1 + 90°$ *(sole ad est);*

$\gamma = 90° - \varphi_1$ *(sole ad ovest)*

$$\delta = arc\tan\left(\frac{O_2H_2}{z_0}\right);$$

$$\varepsilon = 180° - (\gamma + \delta);$$

$$\zeta = arc\tan\left(\frac{HH_2}{\sqrt{z_0^2 + O_2H_2^2}}\right);$$

e quindi:

$$x_c = z_0 \times \frac{sen(\delta)}{sen(\varepsilon)}.$$

Poiché è inoltre: $PC_2 = z_0 \times \dfrac{sen(\gamma)}{sen(\varepsilon)}$

si ha:

$$y_c = y_3 + PC_2 \times \tan(\zeta).$$

Il problema si tratta allo stesso modo se il piano è declinante est.

5 - Il quadro perpendicolare allo stilo (piano equatoriale).

Il calcolo delle coordinate per questo piano rientra nel caso generale. La sua trattazione è interessante perché chiarisce il senso della definizione di *piano di II quadrante*.

Se si mantiene l'intersezione del quadro con π_2 nella retta orizzontale passante per il piede dello stilo, l'osservatore nel primo quadrante vede le due facce che possono essere illuminate poste entrambe nel *II* quadrante, ciò che giustifica la definizione data *(fig.8)*.

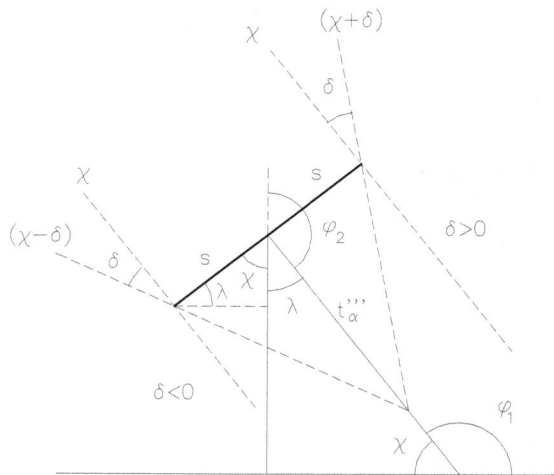

calcolo coordinate – fig.8

La faccia illuminata è la superiore se la declinazione del sole è positiva *(sole al disopra dell'equatore)* ed è, invece, l'inferiore se la declinazione è negativa *(sole al disotto dell'equatore)*.

Gli angoli φ_1 e φ_2 sono pari a *(180° - χ)* e *(180° - λ)*.

*G*li esempi che seguono sono relativi ad un osservatore posto alla latitudine di *41°,255* nord. Il riferimento è costituito dal piano π_1 coincidente con l'orizzonte celeste, dal piano π_2 perpendicolare a π_1 e alla direzione nord-sud e dal piano π_3 di profilo e contenente lo stilo *(fig.1)*.

Se è nota l'altezza η del sole a mezzogiorno, somma algebrica della colatitudine χ e della declinazione meridiana δ_m, è nota la proiezione su π_3 del centro *C* del parallelo percorso dal sole.

Se si assume pari all'unità il raggio del parallelo, la lunghezza *s* dello stilo determina la scala di lettura delle figure su β in vera forma. In tutti i casi trattati nel seguito, la lunghezza *s* è pari a *0,5*.

Lo gnomone, punta dello stilo, coincide con l'osservatore e il piano orizzontale che lo contiene interseca il piano α del parallelo nella retta *o* di proiezioni o_1 ed o_2 determinando su di esso i punti del sorgere e del tramontare del sole.

Ribaltando il parallelo su π_3, la *o** separa la parte illuminata ed individua i punti *L* e *T*.

Lo stesso piano orizzontale interseca il piano β su cui si effettua la proiezione nella retta *h* che rappresenta l'orizzonte di β. Il piede dello stilo è la proiezione su π_2 del polo nord.

Le proiezioni del parallelo sono delle ellissi che hanno un asse di lunghezza vera e l'altro asse pari alla proiezione su π_1 e π_2. Le proiezioni dello gnomone sono G_1 e G_2.

Il piano α contenente il parallelo percorso ha tracce $t'_\alpha, t''_\alpha, t'''_\alpha$.

1. - Il piano β coincidente con π_2

    ($\varphi_1 = 90°$; $\varphi_2 = 0°$) - solstizio d'inverno.

    a) *metodo 1 – ribaltamenti*

Si ricavano direttamente le intersezioni con β dei raggi proiettanti che uniscono il centro *S''* con i punti scelti per le ore *(fig.2)*.

Il punto che indica le *14* si ottiene unendo G_1 con *14'*, prima proiezione della retta *G-14*, fino ad incontrare la *lt* che è anche la prima traccia di β. Alzando poi la verticale, fino ad incontrare la G_2-*14"*, si determina il punto *14*.

La retta che unisce N_2 con *14* rappresenta la retta oraria delle *14*.

Il punto *12* si ottiene direttamente tracciando l'orizzontale per il punto *H* della retta *S"-12*.

Le coordinate dei punti ottenuti si leggono nel sistema *x*, orientata verso est, *y*, orientata verso il basso, di origine N_2.

La retta *h*, coincidente con la retta *o*, è l'orizzonte.

b) *metodo 2 - prodotto di prospettività tra α e β*

Si consideri il punto improprio S'_β in direzione perpendicolare al piano β e a π_2 *(fig.3)*.

Se si proietta *S"* coincidente con *G* da S'_β su β si ottiene il punto *S*. Lo stesso punto *S* si ottiene se si proietta S'_β su β da *S"*. Il punto *S* è unito.

Proiettando il punto *C*, centro del parallelo percorso, da *S"* si ottiene *C"* e proiettandolo da S'_β si ottiene *C'*.

La retta d'intersezione tra α e β, t''_α, ha punti che si proiettano in se stessi e perciò è retta di punti uniti.

E' individuata un'omologia piana di centro *S*, asse t''_α e coppia di punti corrispondenti *C'*, *C"* per la quale a punti di β, proiezioni di punti di α da *S"*, corrispondono punti di β, proiezioni di punti di α da S'_β.

Così *(fig.4)*, unendo *13"* con *C'* con la retta *r'* si determina U_r su t''_α. Unendo U_r con *C"* si ottiene *13* sull'intersezione con *13"-S*.

2. - Il piano β verticale generico

   ($\varphi_1 = 90°$; $\varphi_2 = 36°,5$) - *solstizio d'inverno.*

   a) *metodo 1*

Si effettua dapprima la proiezione su π_2. Essa è anche la seconda proiezione della figura che si ha su β. Si ricava, successivamente, la vera forma mediante il ribaltamento di β su π_1.

Per il punto *10* si ottiene la proiezione su π_2 dell'intersezione del raggio proiettante con β. Si unisce così *10'* con G_1 fino ad incontrare *t'* in *H*.

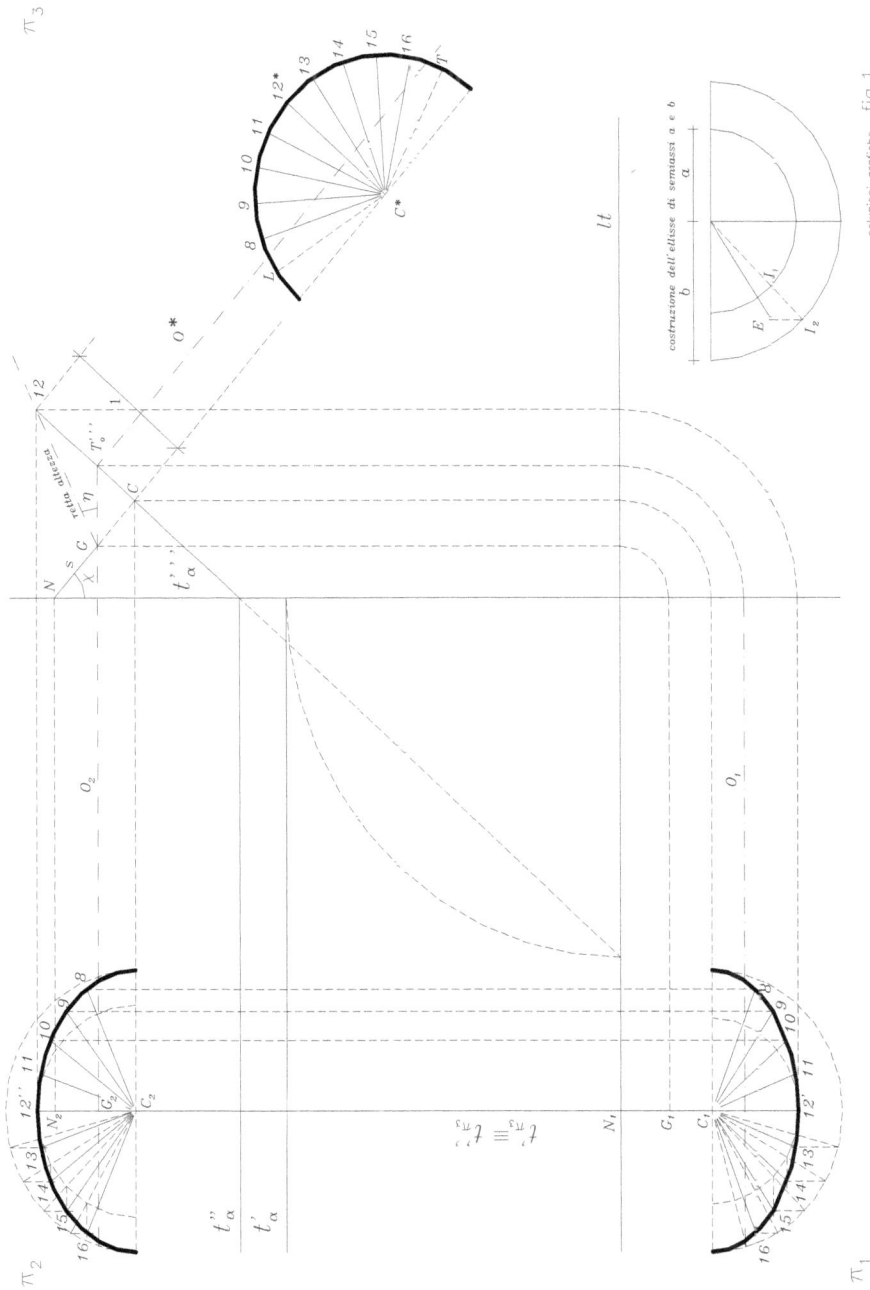

costruzione dell'ellisse di semiassi a e b

soluzioni grafiche – fig.1

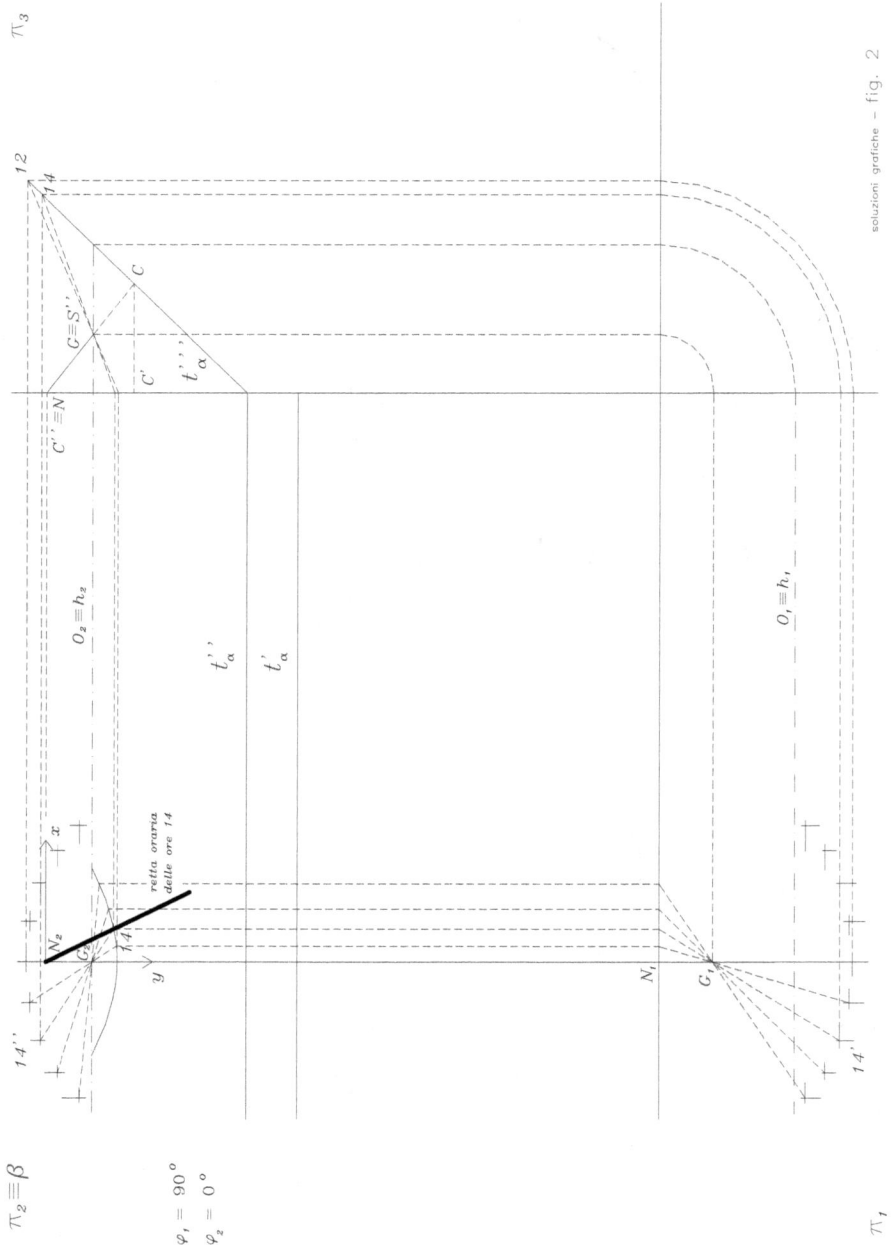

soluzioni grafiche – fig. 2

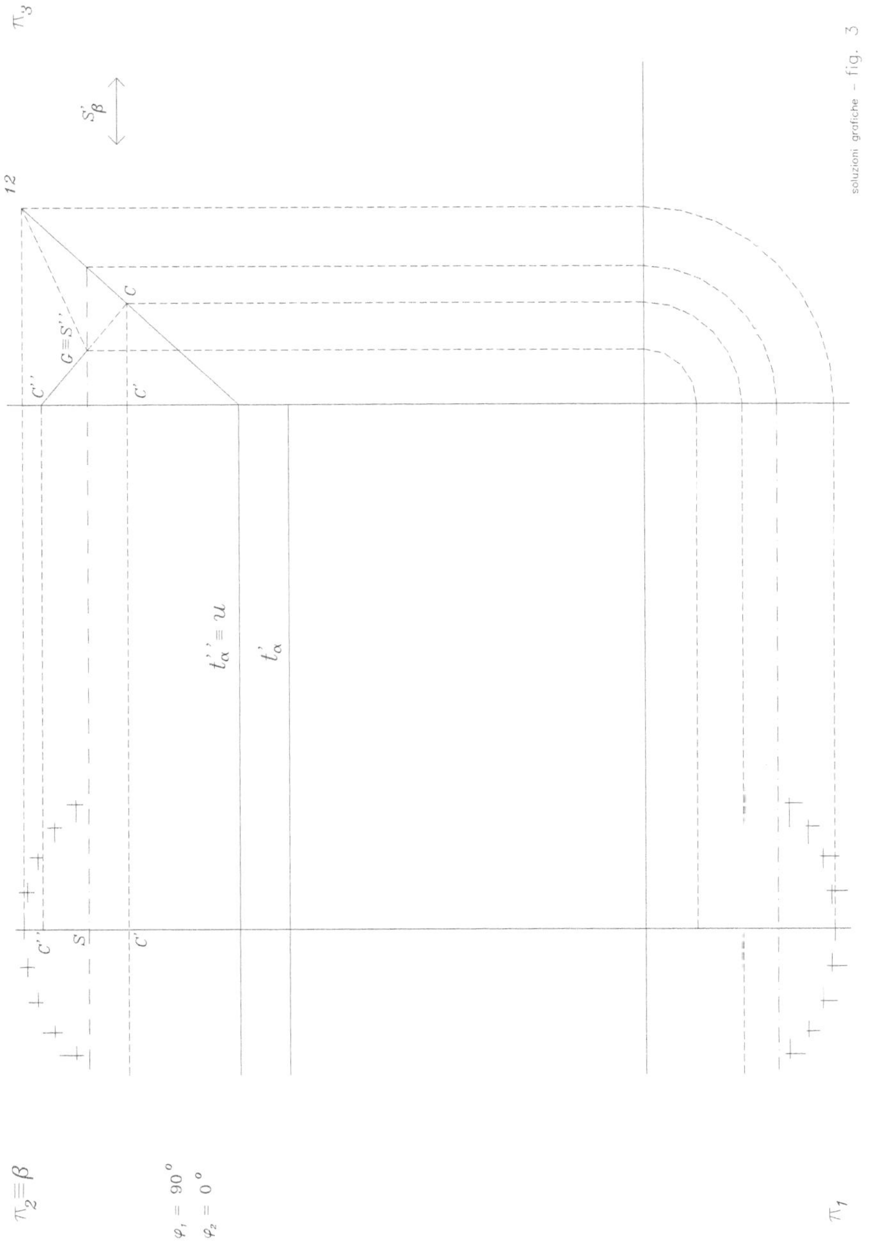

π_3

s'_β

12

$G \equiv S''$

c

c''

c'

$t''_\alpha = u$

t'_α

c'' s c'

$\pi_2 \equiv \beta$

$\varphi_1 = 90°$

$\varphi_2 = 0°$

π_1

soluzioni grafiche – fig. 3

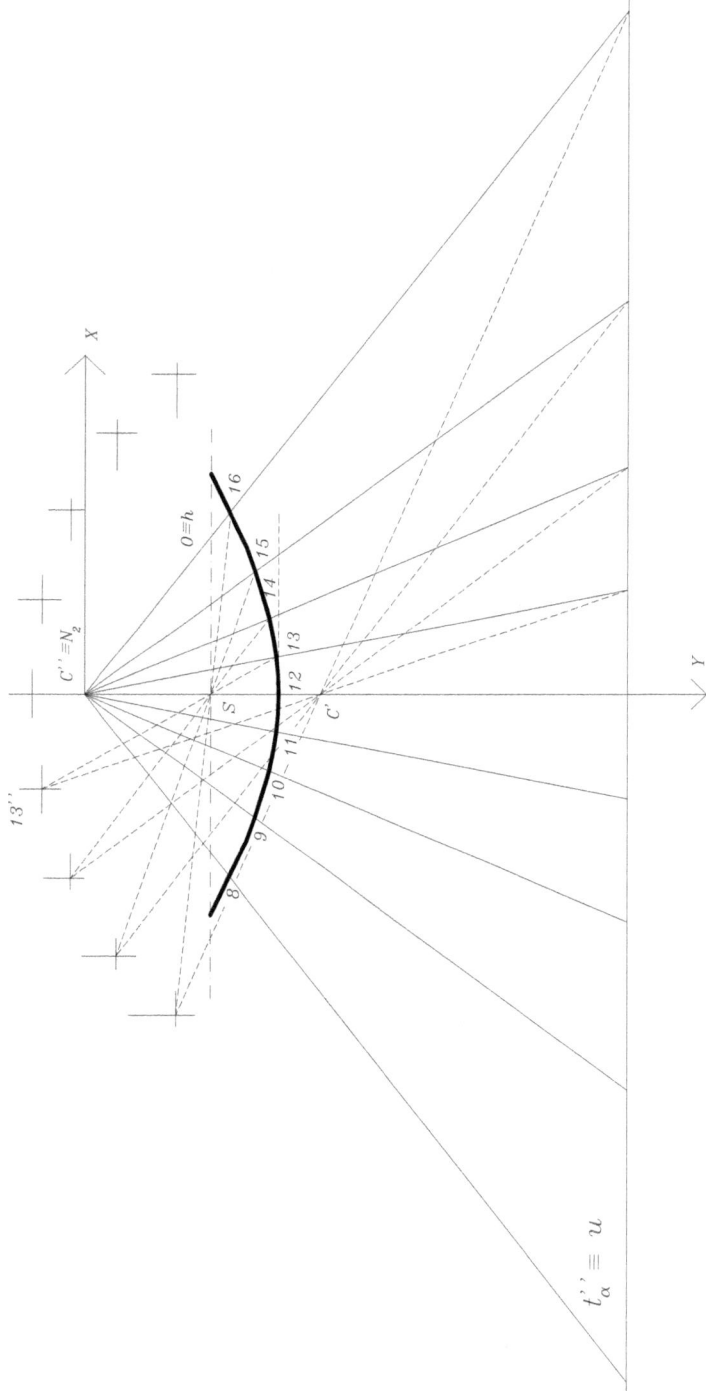

soluzioni grafiche – fig. 4

Si alza poi la verticale, perché β è verticale, fino ad incontrare in *10* la congiungente G_2-*10"*. Riportando la quota di *10* da *H* perpendicolarmente a t'_β si ottiene il ribaltato *10** *(fig.5)*.

Ribaltando anche l'orizzonte in h^* ed il polo nord in N^* si possono leggere le coordinate di *10** rispetto al sistema avente *x* parallelo a t'_β, *y* perpendicolare a t'_β ed origine in N^*. La congiungente N^*-*10** è la retta oraria delle ore *10*.

   b) *metodo 2*

Sia S'_β il punto improprio in direzione perpendicolare a β *(fig. 5)*.
Se si proietta S'', coincidente con *G*, da S'_β su β si ottiene il punto *S*. Unendo G_1 con S'_β ed innalzando la verticale dal punto d'intersezione con t'_β, si ottiene *S* sull'orizzontale per S''. Si ottiene *S* anche proiettando S'_β da S'' su β.

   Proiettando poi il centro *C* del parallelo da S'' su β si ottiene il punto C''. Proiettandolo da S'_β si ottiene su β il punto C'.

   La retta *u* d'intersezione tra α e β ha la prima proiezione u_1 sovrapposta a t'_β e per seconda proiezione u_2. Si ottengono in proiezione gli elementi di $\omega(\beta)$ che ha per centro *S*, per asse la retta *u* e per punti corrispondenti C' e C''. Per ottenere $\omega(\beta)$ in chiaro basta operare il ribaltamento di β su π_1. Si ottengono S^*, u^*, C'^*, C''^*.

   Se è nota la ribaltata della proiezione del parallelo da S'_β su β è possibile ottenere mediante $\omega(\beta)$ la proiezione del parallelo stesso dallo gnomone *G* su β.

   La figura che si ottiene proiettando il parallelo da S'_β su β ha la prima proiezione degenere.

   I punti della seconda proiezione conservano la quota rispetto alla loro proiezione su π_2 e questo perché β è verticale. Senza determinare questa seconda proiezione se ne può ottenere direttamente la ribaltata *(fig.7)*. Se si unisce S'_β con *12'* si traccia la perpendicolare a t'_β. Se su di essa, a partire da t'_β si riporta la quota definita da *12"*, si ha il punto *12**. Lo stesso si può fare per tutti gli altri punti.

   La trasformata mediante $\omega(\beta)$ della curva che si ottiene è la vera forma della proiezione del sole su β dallo gnomone.

   Al punto *12** corrisponde il punto *12*. Il punto C''^* coincide con N^* origine del sistema di assi *x*, *y* sul quale si misurano le coordinate. L'asse *x* è parallelo alla ribaltata h^* dell'orizzonte passante per S^*; l'asse *y* passa per N^* e per *12* ed è perpendicolare a *x*. La congiungente N^* - *12* è, al solito, la retta oraria delle ore *12*.

3. - Il piano β proiettante in seconda proiezione
      $(\varphi_1 = 60°; \ \varphi_2 = 90°)$ - *solstizio d'estate*.

a) *metodo 1*

In questo caso la seconda proiezione dallo gnomone su β del parallelo percorso è degenere. Si conoscono cioè solo le proiezioni delle intersezioni con β delle rette orarie per *G*. La prima proiezione invece è nota per cui ribaltando β su π_1 si ottiene la vera forma *(fig.8)*.

E' da notare ancora, in questo caso, che il punto *N* è dalla parte opposta rispetto a *G* e quindi non rappresenta più il polo nord ma solo il piede dello stilo. La t''_β contiene il punto N_2 il cui ribaltato *N** è l'origine degli assi sui quali si leggono le coordinate. L'asse *x* è una retta di massima pendenza di β orientata verso est; l'asse *y* è un'orizzontale di β orientata verso nord. Il punto *12*, proiettato da *G* su β, ha seconda proiezione in N_2. La prima proiezione si ottiene come intersezione della retta *s*, comune al piano ausiliario ω e a β, e la retta *G-12*, anch'essa appartenente ad ω, della quale si determinano le tracce *T'* e *T''*.

b) *metodo 2*

Sia S'_β il punto improprio in direzione perpendicolare a β *(fig.9)*.

Se si proietta $S'' \equiv G$ da S'_β su β si ottiene il punto *S* che è lo stesso che si ottiene proiettando S'_β su β da *S''*. La retta d'intersezione tra α e β ha proiezioni u_1 e u_2. La proiezione del centro *C* da S'_β è l'intersezione della perpendicolare a β per *C*: si hanno C'_1 e C'_2.

La proiezione di *C* da *S''* su β è più semplice. Il raggio proiettante *p = GC*, infatti, interseca β nel punto *N* le cui proiezioni N_1 ed N_2 coincidono rispettivamente con C''_1 e C''_2.

La figura che si ottiene proiettando il parallelo su β da S'_β ha seconda proiezione degenere.

Osservando, però, che nella prima proiezione si conservano gli aggetti, per ottenere la vera forma della figura, basta ribaltare β su π_2 e riportare da ciascun punto l'aggetto che esso ha nella proiezione su π_1.

Così, proiettando il punto *12''* su β da S'_β si ha su t''_β il punto *H*. Se sulla perpendicolare per *H* a t''_β si riporta l'aggetto definito da *12'*, si ottiene il ribaltato *12**. Lo stesso si può fare per tutti gli altri punti, compresi *S*, C'_2 e C''_2, e per la retta *u*.

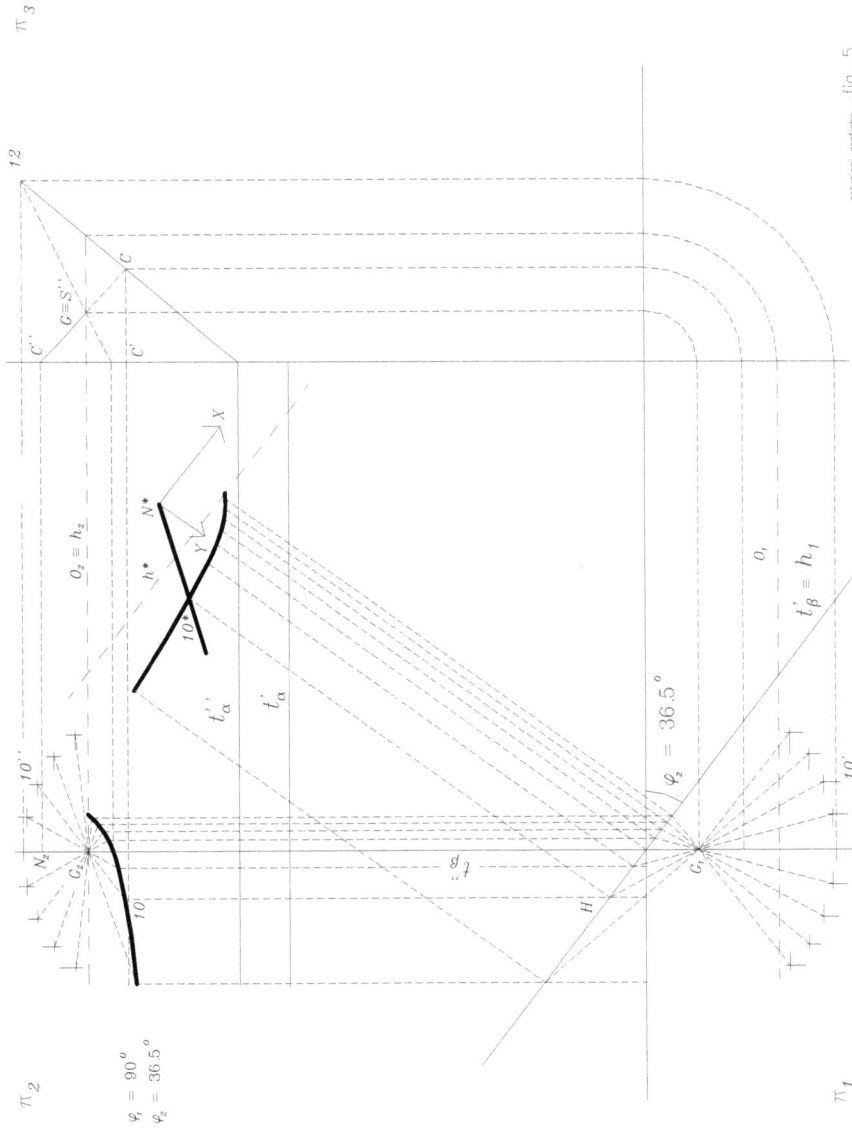

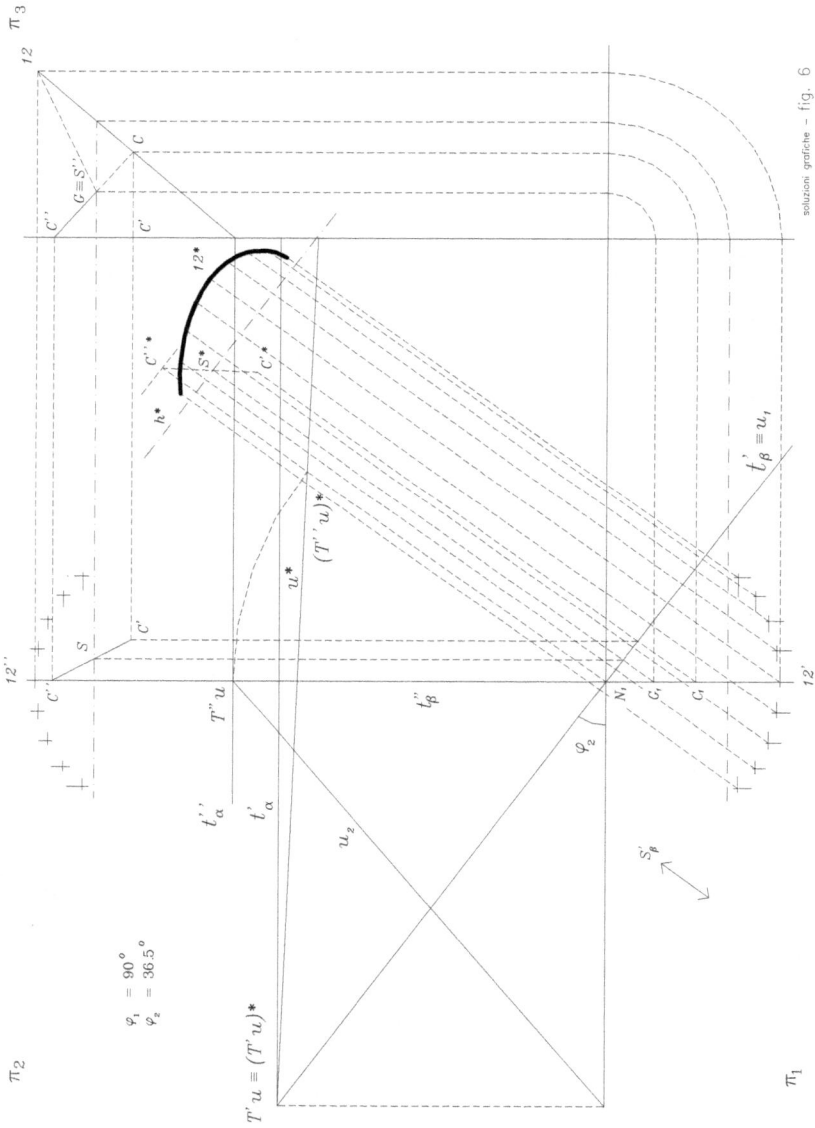

soluzioni grafiche – fig. 6

π_3

π_2

$\varphi_1 = 90°$
$\varphi_2 = 36,5°$

π_1

soluzioni grafiche - fig. 7

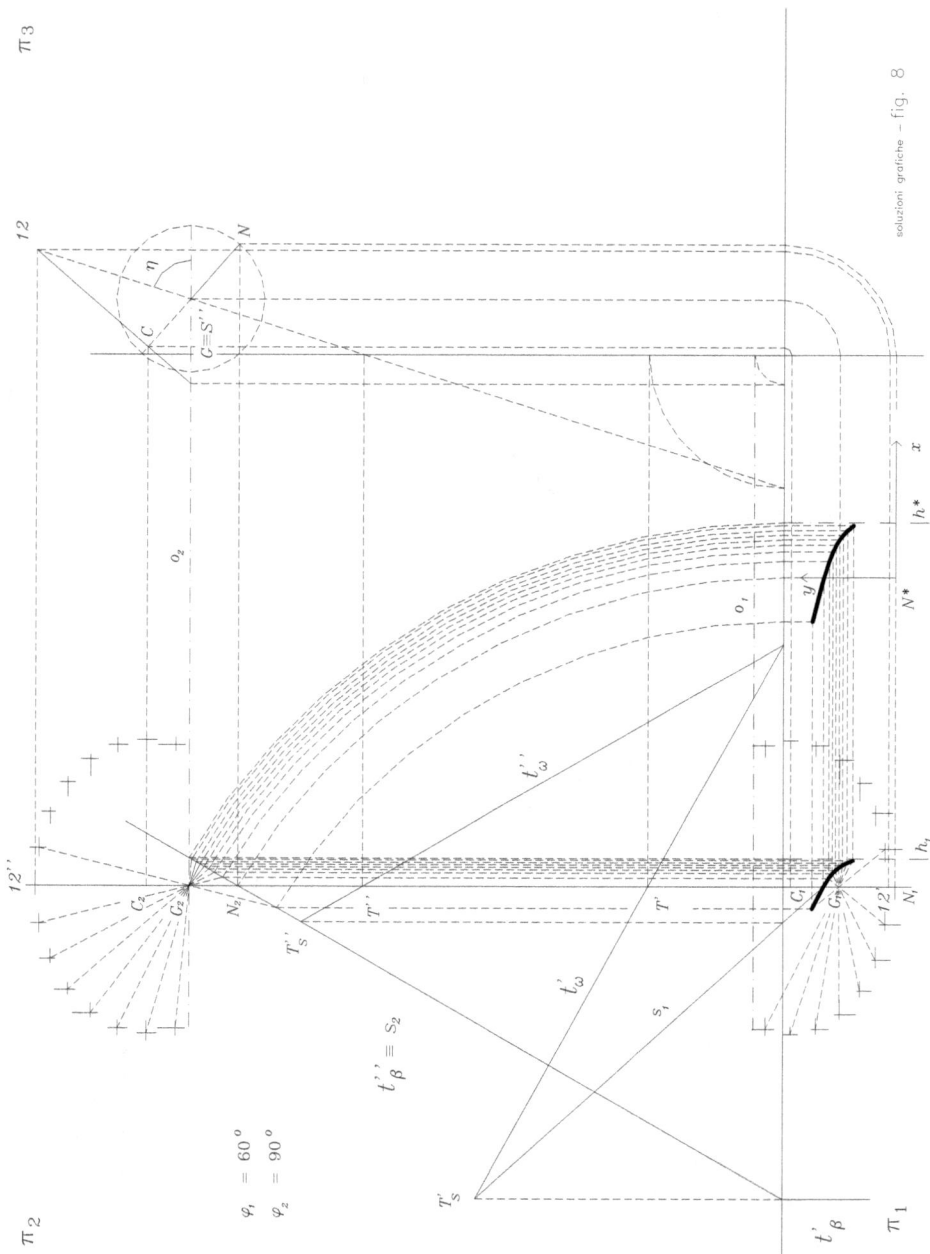

soluzioni grafiche - fig. 8

π_3

π_2

π_1

$\varphi_1 = 60°$
$\varphi_2 = 90°$

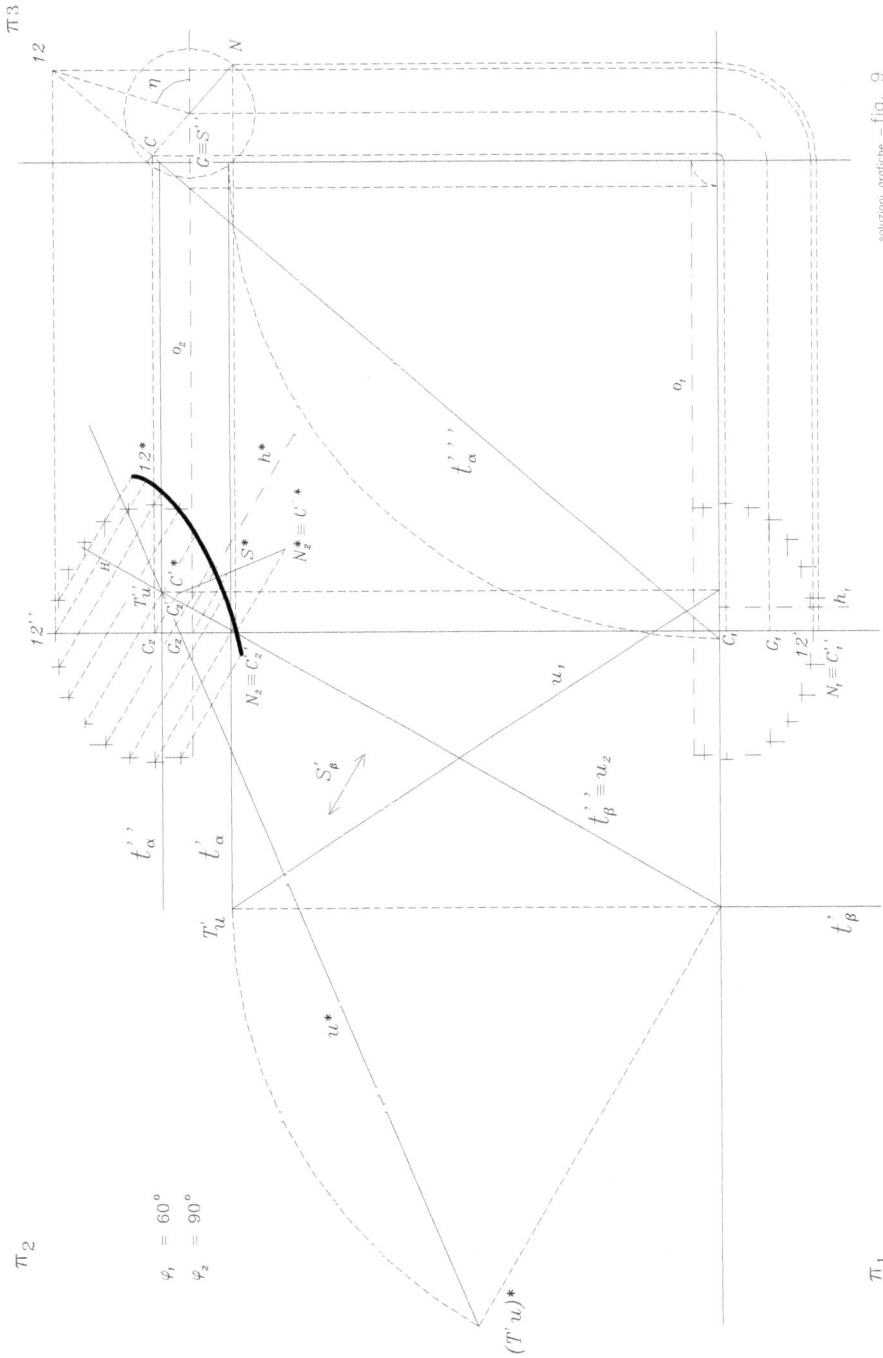

soluzioni grafiche – fig. 9

Si hanno, così, il centro S^*, i punti corrispondenti C'^* e C'''^*, l'asse u^* e la ribaltata della proiezione da S'_β del parallelo su β.

La trasformata di questa mediante l'omologia $\omega(\beta)$ descritta, dà la proiezione del parallelo dallo gnomone *(fig. 10)*.

Le coordinate si leggono sugli assi x, retta di massima pendenza di β orientata verso est e passante per N_2^*, origine degli assi, ed y, orizzontale di β orientata verso nord.

E' possibile determinare l'ora in cui la faccia declinante ovest comincia ad illuminarsi, tracciando la parallela all'asse u^* per l'origine N_2^*.

4. - Il piano β parallelo alla lt e allo stilo
$\quad (\varphi_1 = \lambda;\ \varphi_2 = \chi)$ *- solstizio d'estate.*

E' questo un piano particolare perché è parallelo allo stilo. Il piede di questo non può appartenere a β perché ad esso apparterrebbe anche lo gnomone con conseguente proiezione degenere.

Lo stilo è spostato verso l'alto di una quantità pari alla sua lunghezza s.

a) *metodo 1*

Per ottenere la prima proiezione della figura su β basta rappresentare le congiungenti G con i punti del parallelo percorso mediante le loro tre proiezioni. Così per il punto *17* si hanno *17'*, *17"* e *17'''* che giace su t'''_β. N_1 ed N_2 sono le proiezioni dell'origine degli assi *(fig. 11)*.

Ribaltando la prima proiezione ed N su π_1 si hanno N^*, *17** e gli altri punti e gli assi x, orizzontale di β orientata verso est, ed y, retta di pendio di β orientata verso il basso. Il ribaltamento avviene intorno alla retta orizzontale passante per *17'''*.

b) *metodo 2*

Sia S'_β il punto improprio in direzione perpendicolare a π_2. Non è possibile in questo caso scegliere S'_β in direzione perpendicolare a β perché la figura che si otterrebbe proiettando su di esso il parallelo percorso avrebbe prima e seconda proiezione degeneri in una retta e terza proiezione degenere addirittura in un punto. Ciò perché α e β sono perpendicolari. Proiettando il parallelo su β da S'_β si ottiene una proiezione degenere su t'''_β. Poiché però sono noti gli aggetti rispetto a π_3 nella proiezione del parallelo su π_2, che si misurano a partire dalla t''_{π_3} su π_2, operando il ribaltamento di β su π_2, si ottiene la vera forma della figura su β proiettata da S'_β.

Proiettando il centro da S'_β si ha il punto C' che coincide con il suo ribaltato, mentre proiettandolo da $S'' \equiv G$ si ha il corrispondente C''_∞ nel punto improprio di t'''_β.

Il centro S, coincidente con il suo ribaltato, è la proiezione reciproca di S'_β ed S'' su β. L'asse u^* è l'orizzontale d'intersezione tra α e β. La parallela ad u^* per C' è la retta limite l'.

La trasformata della ribaltata, che è un'ellisse in questo caso, mediante la descritta omologia, rappresenta la proiezione del parallelo da G su β *(fig.12)*.

Il punto N è l'origine degli assi x, orizzontale di β orientata verso est, ed y, retta di massima pendenza orientata verso sud.

5. - Il piano β orizzontale (proiezioni per tutto l'arco diurno)
   $(\varphi_1 = 0; \varphi_2 = 90°)$ - solstizio d'estate.

    a) *metodo 1*

Si deve solo determinare la prima proiezione della figura su β ottenuta proiettando il parallelo percorso su α da G *(fig.13)*.

    b) *metodo 2*

Se si sceglie S'_β coincidente con il centro relativo a π_1 si ottiene rapidamente la proiezione del parallelo su β da G. Bisogna prima di tutto ribaltare rispetto a G il piede dello stilo in N per ottenere la proiezione sulla faccia superiore di β. t''_β contiene N.

La proiezione su β da S'_β del parallelo coincide, a parte la traslazione, con la prima proiezione e così la proiezione di $S'' \equiv G$ con $S \equiv G_1$ e la proiezione di C è $C_1 \equiv C'$.

La proiezione su β di C da S'' coincide con N e quindi $C'' \equiv N$. La retta d'intersezione di α con β ha la prima proiezione u_1 quale asse dell'omologia di centro S e punti corrispondenti C' e C''.

La trasformata della prima proiezione mediante $\omega(\beta)$ è la proiezione su β del parallelo da G.

L'origine degli assi è N; l'asse x è la retta parallela a lt orientata verso est; l'asse y è la perpendicolare ad x orientata verso nord *(fig.14)*.

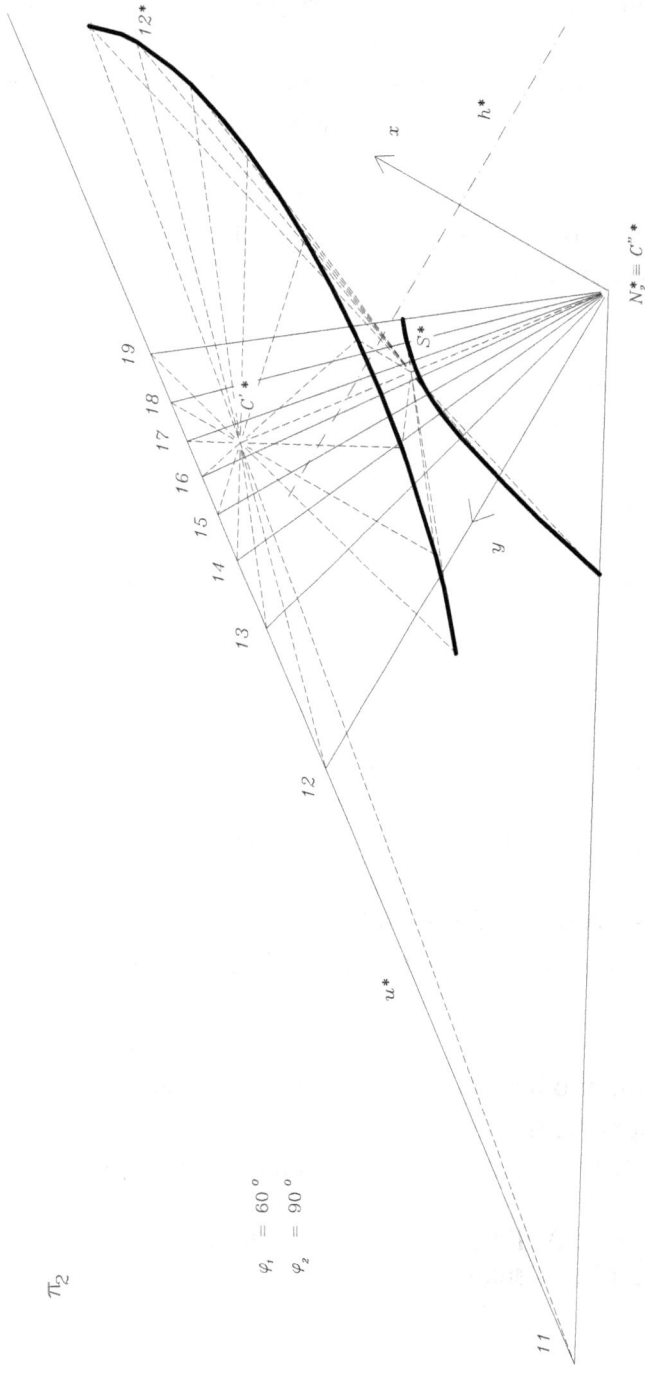

soluzioni grafiche – fig. 10

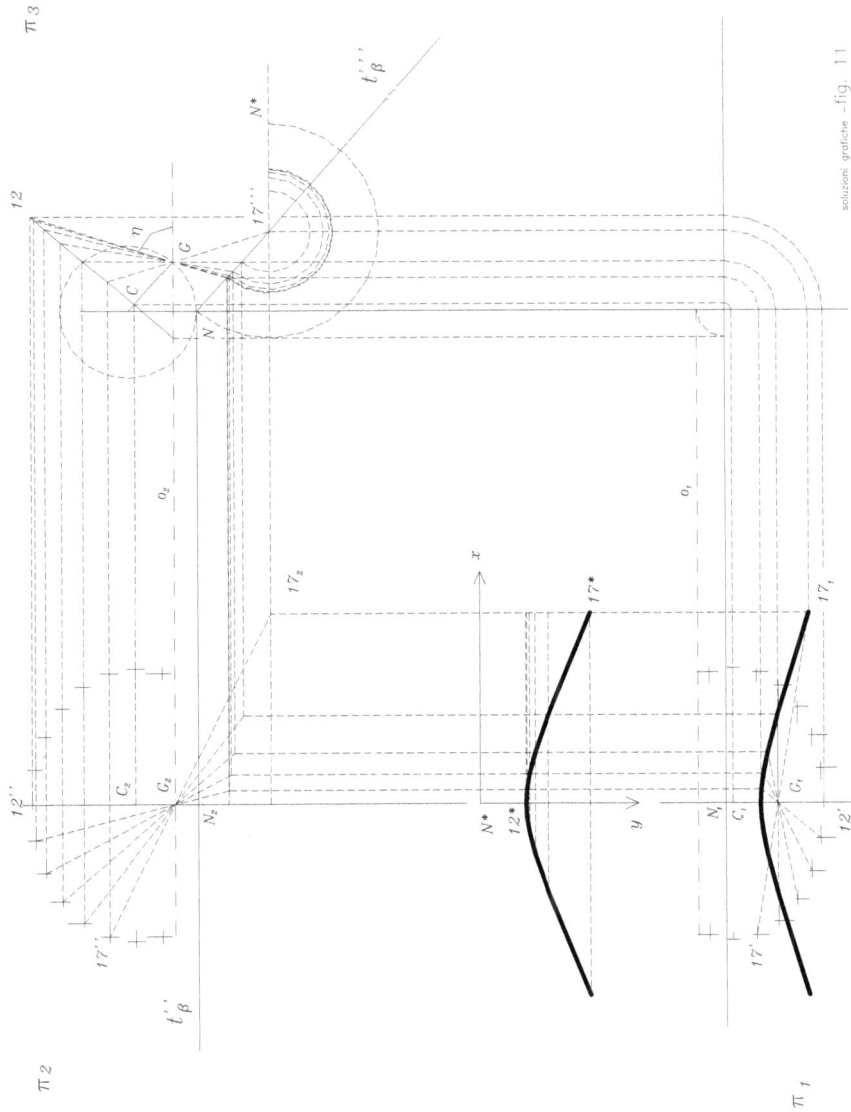

soluzioni grafiche –fig. 11

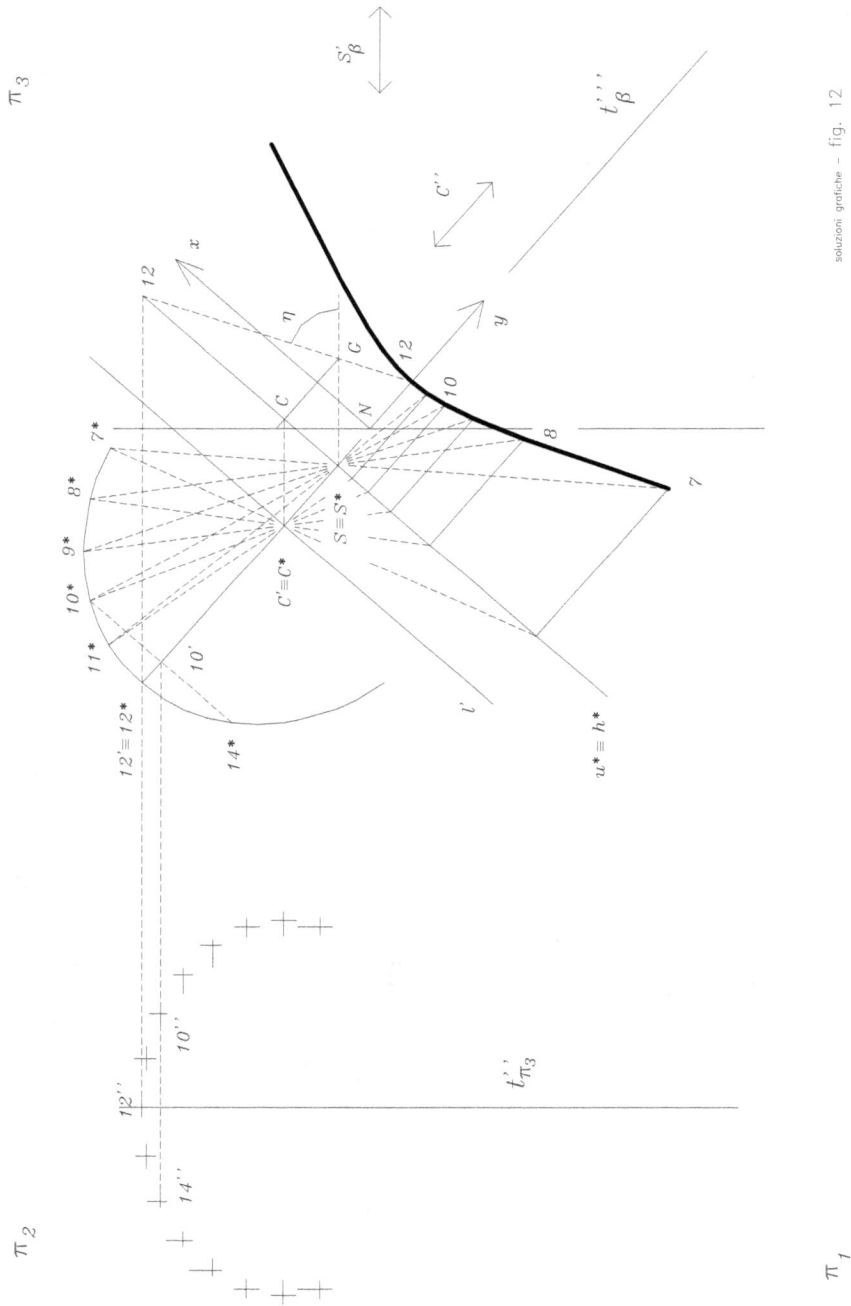

soluzioni grafiche – fig. 12

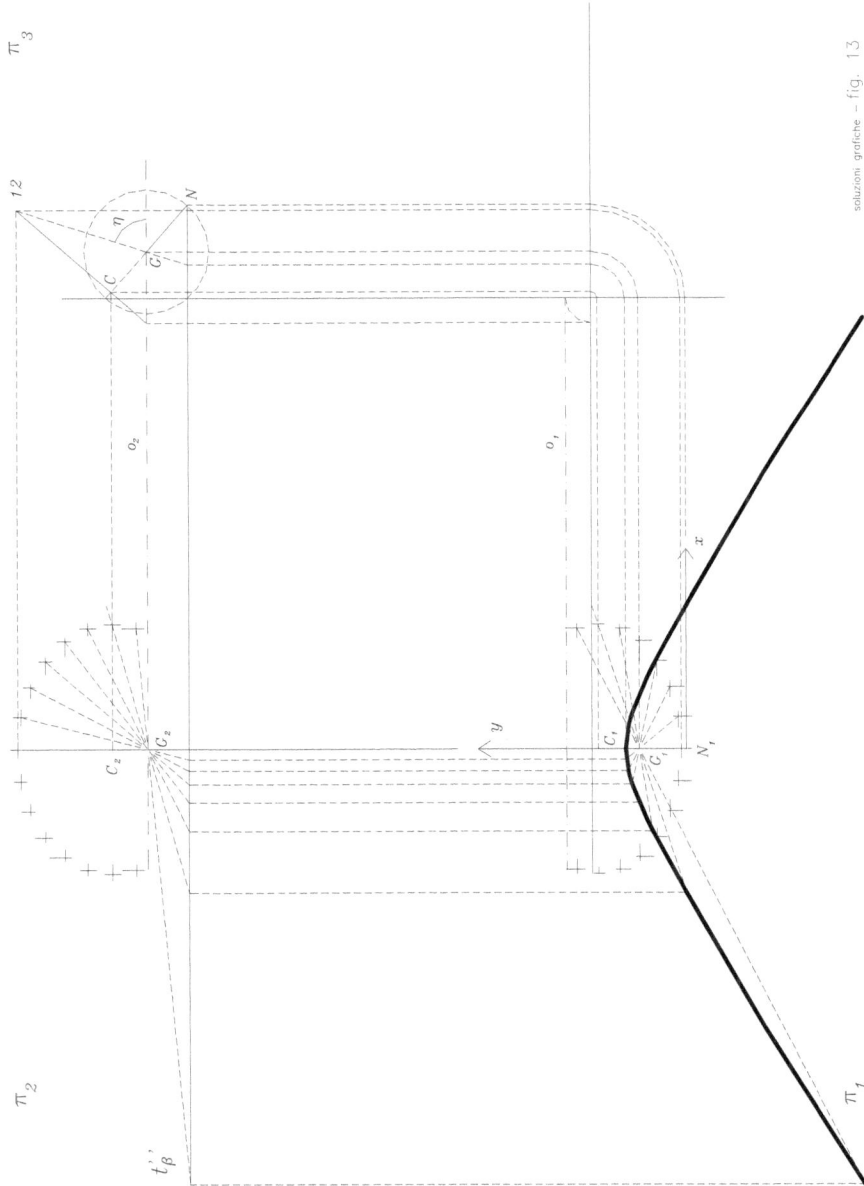

soluzioni grafiche – fig. 13

Costruire meridiane

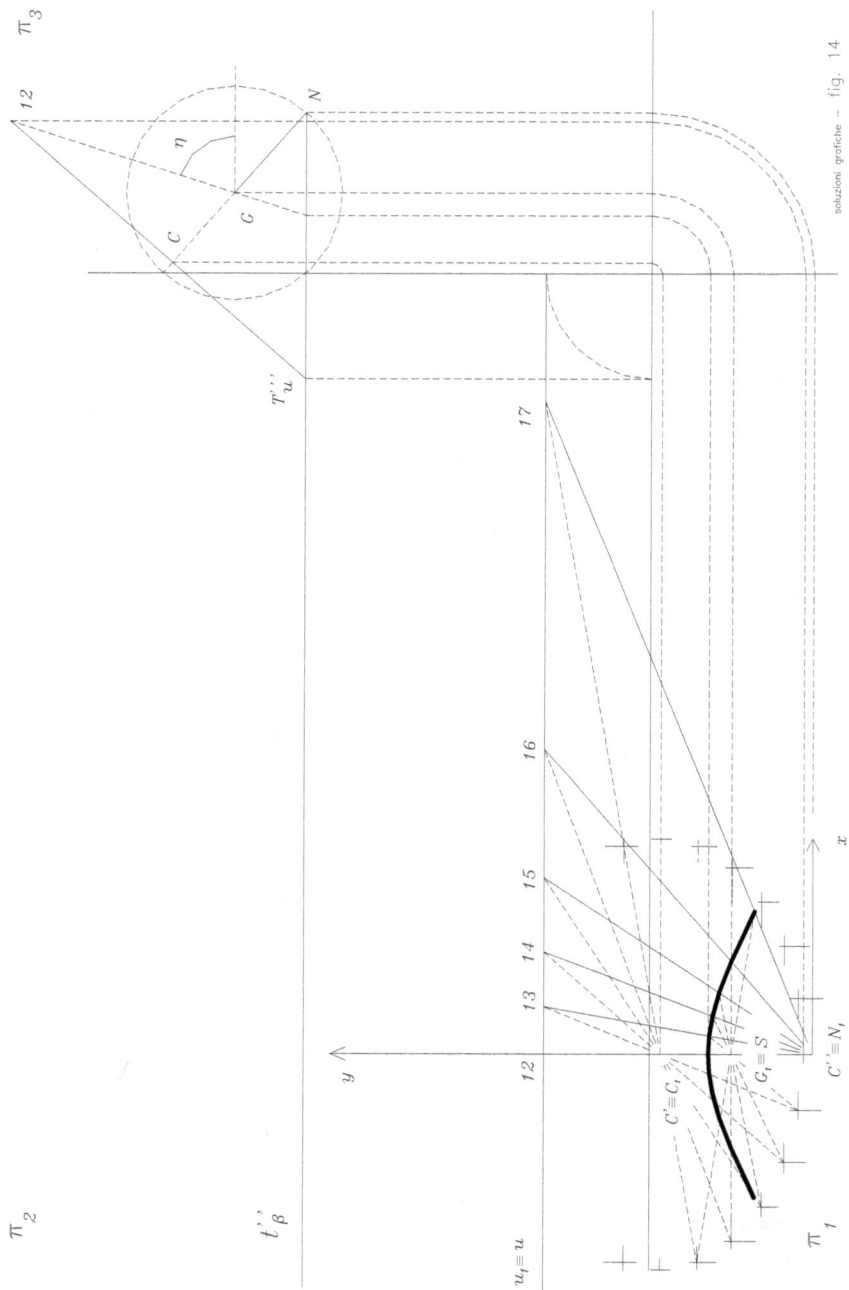

soluzioni grafiche – fig. 14

80

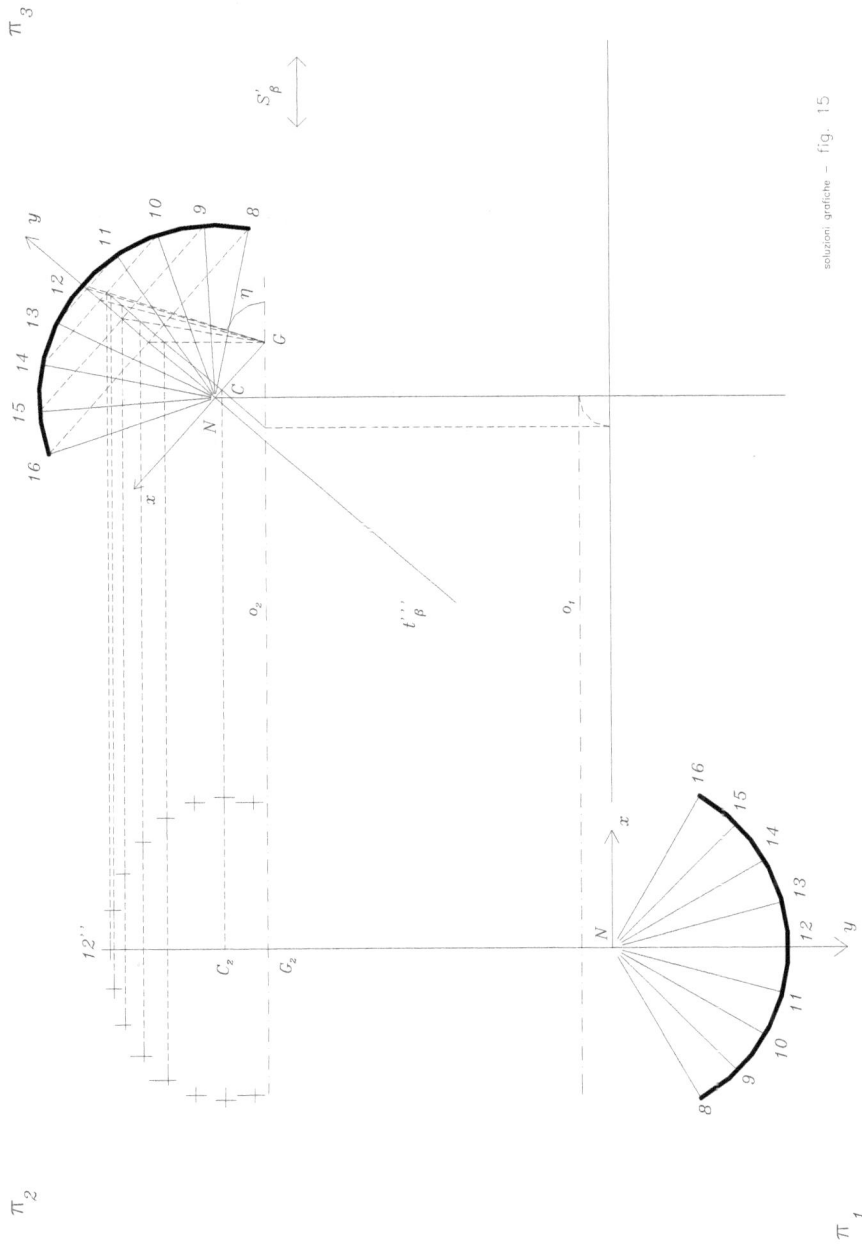

soluzioni grafiche – fig. 15

π_3

π_2

π_1

6. - Il piano β equatoriale

$(\varphi_1 = \chi$ *ovvero* $(180° - \chi)$;

$(\varphi_2 = \lambda$ *ovvero* $(180° - \lambda))$ - *solstizio d'estate.*

Il piano è perpendicolare allo stilo. Esso ha la faccia superiore illuminata tra l'equinozio di primavera e l'equinozio d'autunno e quella inferiore illuminata tra l'equinozio d'autunno e quello di primavera.

a) *metodo 1*

Per ottenere la prima proiezione della figura su β si opera in maniera del tutto analoga a quella adottata per il piano parallelo allo stilo.

Il ribaltamento si opera intorno alla orizzontale per N. Il punto G è al disopra o al disotto a seconda della faccia che si considera. In ogni caso la proiezione del parallelo è simmetrica.

Il punto N, piede dello stilo, ha proiezioni N_1 ed N_2. Il ribaltato N^*, coincidente con N_1, è origine degli assi x, orizzontale di β orientata verso est, ed y, retta di massima pendenza orientata verso il basso.

Le costruzioni suddette si possono evitare perché il risultato è noto a priori *(fig.15)*.

Il piano α, infatti, è parallelo a β. Il punto G, inoltre, giace sulla perpendicolare ad α passante per il centro C del parallelo percorso. Proiettando da G su β la circonferenza percorsa su α, si ottiene un'altra circonferenza della quale si devono solo determinare il centro ed il raggio.

Il centro è il punto N e il raggio la distanza tra N e la proiezione di *12* su β da G.

Le rette orarie, evidentemente, conservano gli angoli in ragione di *15°* per ogni ora.

b) *metodo 2*

Sia S'_β il punto improprio in direzione perpendicolare a π_2 *(fig.15)*.

Proiettando il parallelo da S'_β si ottiene su t'''_β una proiezione degenere come riportato in figura.

Ribaltando β su φ_2, essendo noti gli aggetti rispetto a π_3, si ottiene la vera forma della figura su β proiettata da S'_β. Trasformando questa mediante il prodotto di prospettività tra α e β, si ottiene la proiezione da G su β del parallelo percorso. La retta di intersezione u tra α e β però è impropria ed il prodotto di prospettività si riduce ad una omotetia. E' noto a priori perciò che la trasformata del parallelo percorso è una circonferenza uguale a quella ricavata al punto a). N è l'origine degli assi x, y

orientati come detto in precedenza.

7. - Il piano β generico

    ($\varphi_1 = 60°$; $\varphi_2 = 36°,5$) - solstizio d'estate.

    a)   *metodo 1*

La t''_β contiene il piede dello stilo $N \equiv N_2$. Si ricavano, poi, le proiezioni dei punti di intersezione delle congiungenti G con i punti del parallelo percorso.

Per il punto *15*, ad esempio, si unisce G_1 con *15'* fino ad intersecare t'_β. Utilizzando il piano proiettante in prima proiezione avente prima traccia coincidente con la congiungente G_1 - *15'*, se ne determina la retta d'intersezione s con β di tracce T'_s e T''_s. La seconda proiezione *15*$_2$ dell'intersezione di G - *15* con β è comune ad s_2 e a G_2 - *15''*. La prima proiezione è sulla retta di richiamo nel punto d'intersezione *15*$_1$ con s_1. Ripetendo la costruzione per tutti i punti, che per chiarezza è omessa in figura, si ottengono prima e seconda proiezione della figura di β *(fig. 16)*.

Ribaltando β su π_1 si ottiene la vera forma della figura. Il ribaltato N^* di N è il piede dello stilo e origine degli assi x, orizzontale del piano per N^*, ed y, retta di massima pendenza di β. La h^* è l'orizzonte di β.

    b) *metodo 2*

Sia S'_β, al solito, il punto improprio in direzione perpendicolare a π_2 *(fig. 17)*.

La particolare scelta di S'_β comporta che la seconda proiezione del parallelo percorso coincide con la seconda proiezione della figura su β che si ottiene dalla proiezione da S'_β.

E' immediato ricavare la prima proiezione della figura: se per il punto *15*$_2 \equiv$ *15''* si fa passare un'orizzontale di β, *15*$_1$ si troverà sulla prima proiezione dell'orizzontale e sulla retta di richiamo per *15*$_2$. Si potrebbe ricavare la prima proiezione anche attraverso l'omologia $\omega^{-1}(\beta)$ avente per asse la retta w d'intersezione di β con il piano bisettore del *II - IV* quadrante, per centro il punto improprio in direzione perpendicolare alla lt e per elementi corrispondenti *15*$_2$ e *15*$_1$.

La retta S'_β - S'' interseca β nel punto di proiezioni S_1, S_2. Il punto *12* proiettato da S'_β su β ha proiezioni in *12'*$_1$ e *12'*$_2$ e proiettato da S'' ha proiezioni in *12''*$_1$ e *12''*$_2$ ottenuto come intersezione tra la retta S''-*12* e la retta s mediante il piano ausiliario ω. Il piede dello stilo ha proiezioni N_1 ed N_2.

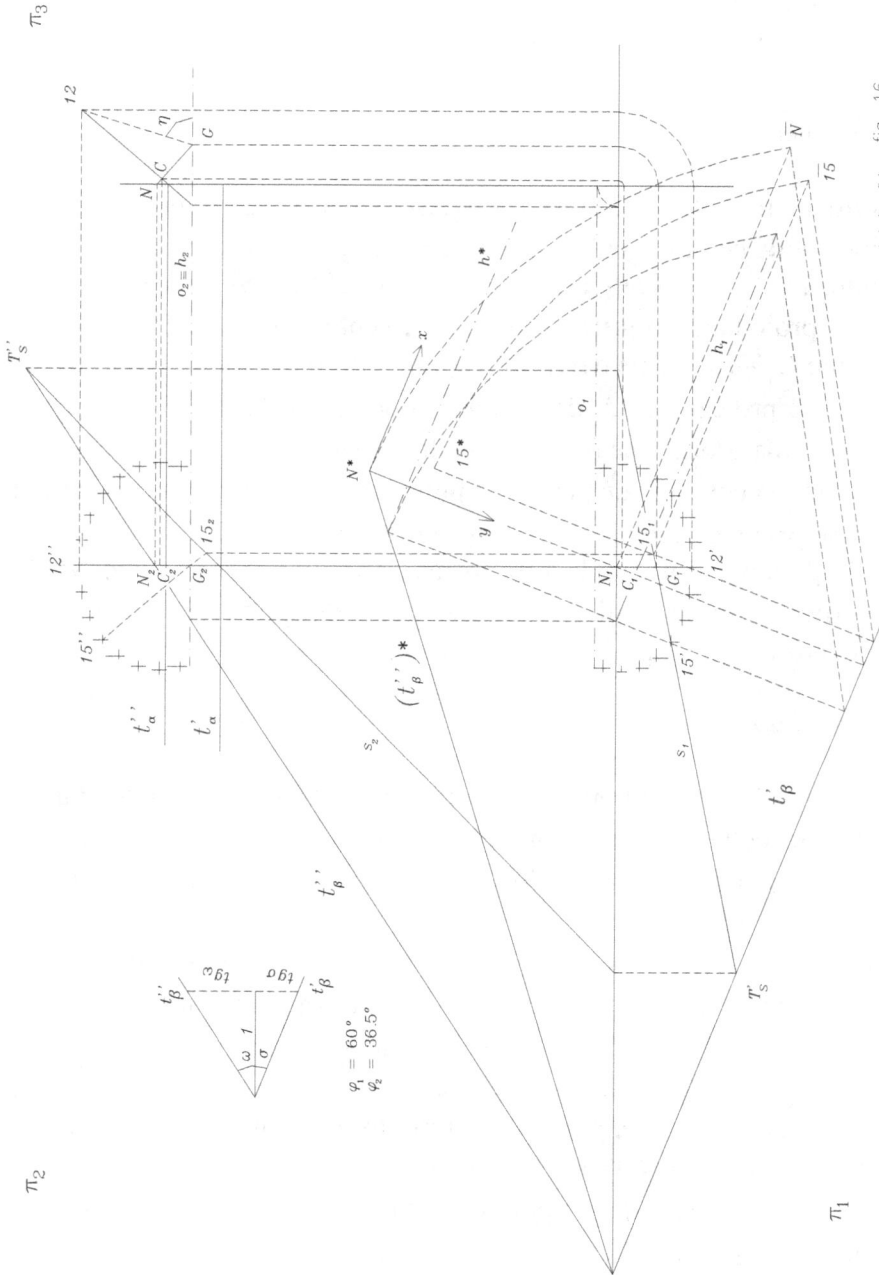

soluzioni grafiche – fig. 16

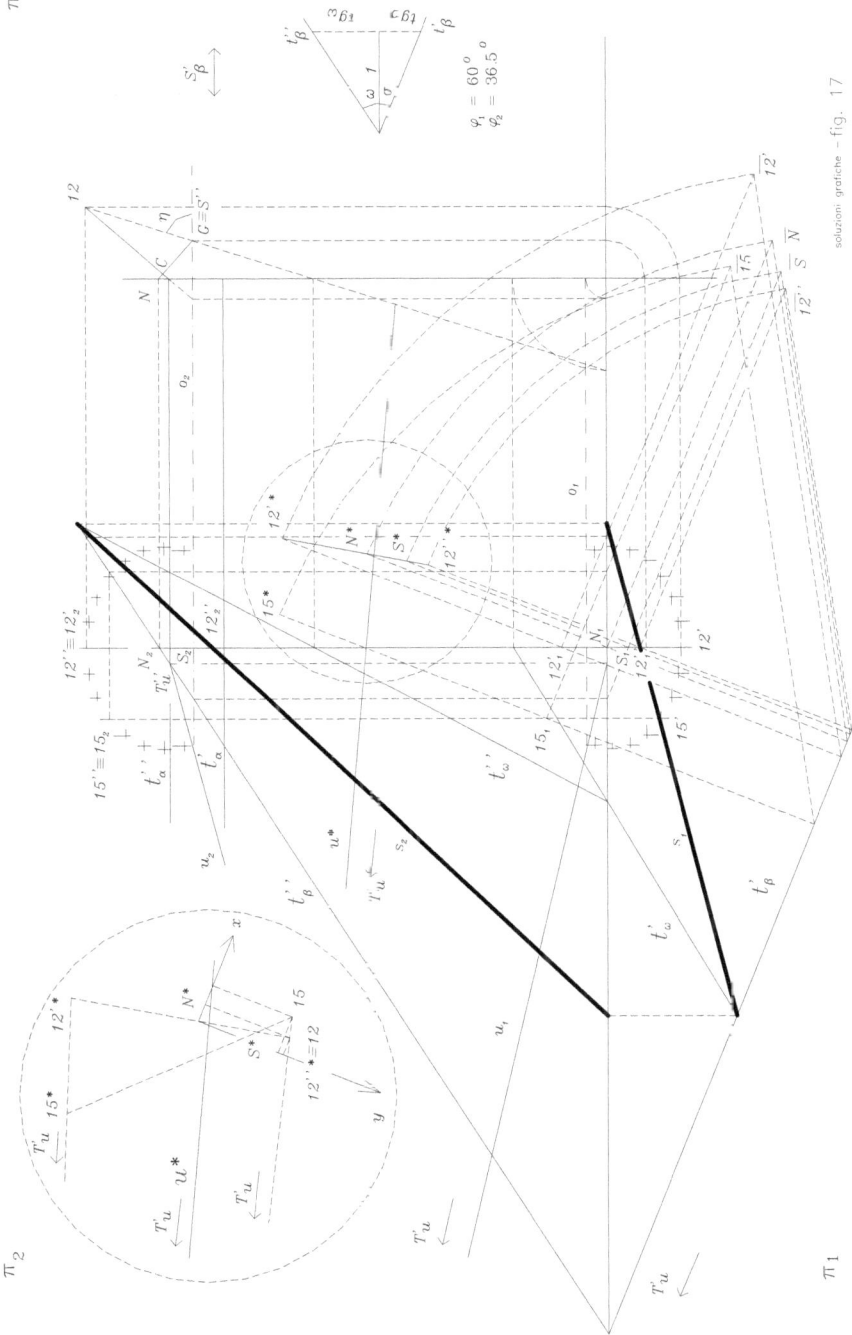

Ribaltando β su π_1, ovvero con l'omologia di ribaltamento, si ricava la vera forma della figura. Mediante, infine, l'omologia avente per asse la ribaltata della retta *u* d'intersezione tra α e β, per centro il ribaltato *S** di *S* e per coppia di punti corrispondenti i ribaltati *12'** e *12''**, si trasforma la proiezione del parallelo da S'_{β} su β nella proiezione dello stesso da $G \equiv S''$ su β.

Il punto *N** è l'origine degli assi *x*, orizzontale di β, ed *y*, retta di massima pendenza. L'orizzonte *h** di β è la ribaltata della retta d'intersezione tra β ed il piano orizzontale passante per *G*. Nella figura è ricavato il solo punto *15*.

*L*a conoscenza del legame tra gli angoli che il quadro β forma con π_1 e π_2 e gli angoli che le sue tracce formano con la linea di terra, consente di scrivere in maniera molto semplice la sua equazione rispetto al riferimento globale di origine *N* avente l'asse *x* orizzontale su π_2 orientato verso est, l'asse *y* verticale su π_2 orientato verso il basso e *z* ortogonale a π_2 orientato verso sud.

Assegnati φ_1 e φ_2 si possono calcolare l'angolo σ che la t'_β forma con *lt* e l'angolo ω che con essa forma la t''_β *(fig.1)*.

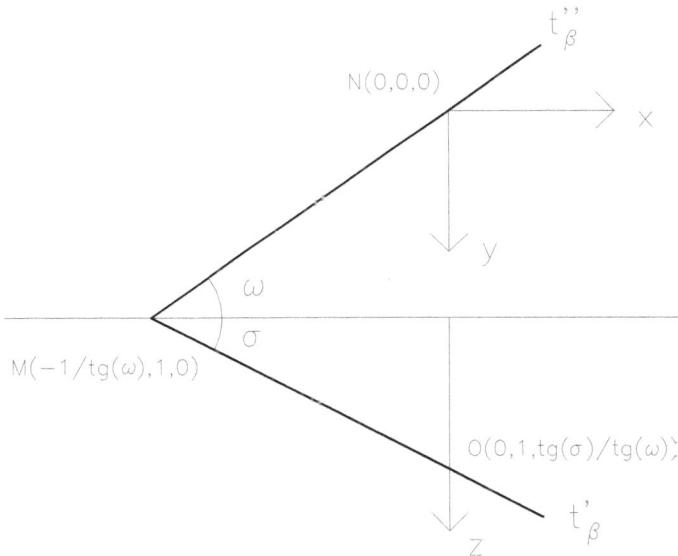

soluzione analitica – fig.1

Se si assume unitaria la quota di π_1 rispetto al riferimento adottato, i punti:

$$N(0,0,0), \ M(-1/\tan(\omega),1,0), \ O(0,1,\tan(\sigma)/\tan(\omega))$$

sono punti del piano β in quanto appartenenti alle sue tracce.

L'equazione del piano si può scrivere nella forma

$$ax + by + cz + d = 0$$

ove i coefficienti *a, b, c, d* sono i determinanti, presi con segni alterni, delle matrici ottenute da:

$$\begin{pmatrix} 0 & 0 & 0 & 1 \\ \dfrac{-1}{\tan(\omega)} & 1 & 0 & 1 \\ 0 & 1 & \dfrac{\tan(\sigma)}{\tan(\omega)} & 1 \end{pmatrix}$$

sopprimendo la prima, la seconda, la terza e la quarta colonna, rispettivamente.

Si ottengono:

$$a = -\frac{\tan(\sigma)}{\tan(\omega)}$$

$$b = -\frac{\tan(\sigma)}{\tan^2(\omega)}$$

$$c = \frac{1}{\tan(\omega)}$$

$$d = 0$$

risultato noto a priori per *d* essendo l'origine *N* punto del piano.

Le coordinate dello gnomone *G*, se λ è la latitudine, sono:

$$x_0 = 0$$

$$y_0 = s \times \text{sen}(\lambda)$$

$$z_0 = s \times \cos(\lambda).$$

Sia *P* un punto del parallelo percorso nel piano α. Esso indica la posizione del sole in un determinato istante. Il punto d'intersezione della retta *GP* con β, perciò, rappresenta la proiezione da *G* su β in quell'istante.

Le coordinate di *P* rispetto al riferimento di origine *C (fig.2)*, centro del parallelo percorso, asse x_α orizzontale di α orientata verso est ed asse y_α orientato verso il punto *12*, sono:

$$x = \text{sen}(\vartheta)$$

$$y = \cos(\vartheta)$$

ricordando che il raggio della sfera celeste si è assunto pari ad *1* e che θ varia in ragione di *15°* per ogni ora con valore nullo su *12*, positivo prima di *12* e negativo dopo *12*.

Le coordinate di P rispetto al riferimento globale sono:

$$x_p = \text{sen}(\vartheta)$$

$$y_p = -\cos(\vartheta) \times \cos(\lambda) + (s - CG) \times \text{sen}(\lambda)$$

$$z_p = \cos(\vartheta) \times \text{sen}(\lambda) + (s - CG) \times \cos(\lambda)$$

ove $CG = \dfrac{1}{\tan(\pi - (\eta + \lambda))}$.

soluzione analitica – fig.2

L'equazione della retta GP, scritta nella forma dei rapporti uguali, è:

$$\frac{x - x_0}{x_p - x_0} = \frac{y - y_0}{y_p - y_0} = \frac{z - z_0}{z_p - z_0}$$

Da questi si possono ricavare i valori di x ed y (o x e z, o y e z) se è noto il valore di z (o y, o x) purché non nullo. Si ha:

$$x = (z - z_0) \times \frac{x_p - x_0}{z_p - z_0} + x_0$$

$$y = (z - z_0) \times \frac{y_p - y_0}{z_p - z_0} + y_0$$

e sostituendo nell'equazione del piano si ricava il valore di z.

Si ottengono, così, le coordinate x_i, y_i, z_i del punto I d'intersezione tra la retta GP ed il piano β nel riferimento globale.

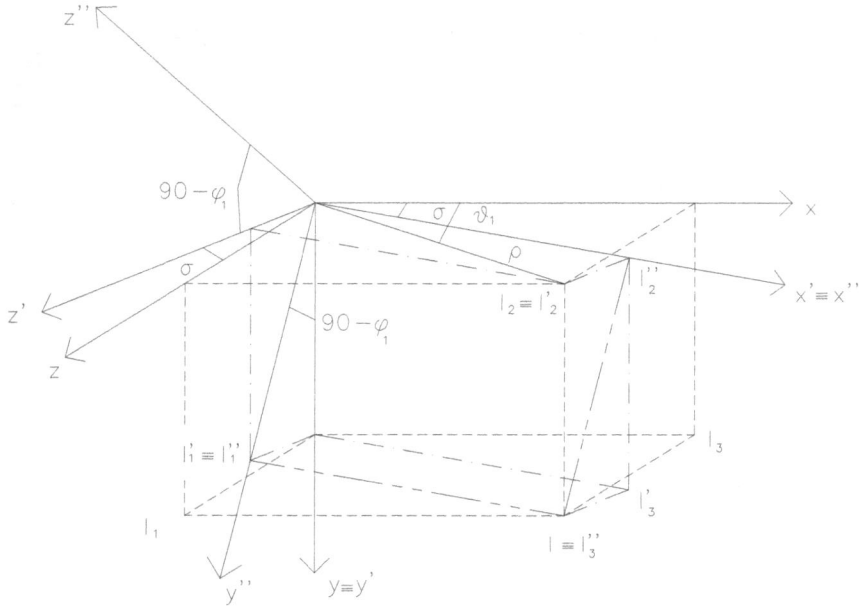

soluzione analitica – fig.3

E' comodo determinare le coordinate di I rispetto al sistema locale di origine N, asse x'' orizzontale di β orientato verso est, asse y'' retta di massima pendenza di β orientata verso il basso ed asse z'' perpendicolare a β *(fig.3)*. L'asse x del sistema globale si può sovrapporre all'orizzontale x' di β se il piano xz ruota intorno ad $y \equiv y'$ di un angolo pari a σ; l'asse y' diventa la retta di massima pendenza y'' di β se il piano $y'z'$ ruota intorno ad $x' \equiv x''$ di un angolo pari a *(90° - φ_l)*. E perciò:

$$\rho = \sqrt{x^2 + z^2}$$

$$\vartheta_l = arc\tan\left(\frac{z}{x}\right)$$

$$x' = \rho \times \cos(\vartheta_l - \sigma)$$

$$z' = \rho \times sen(\vartheta_l - \sigma)$$

$$y' = y$$

ed infine

$$x'' = x'$$

$$y'' = \sqrt{z'^2 + y'^2}$$

$$z'' = 0$$

Se è nota la declinazione meridiana del Sole per un assegnato giorno è possibile,
come si è visto, determinare i valori degli azimut e delle altezze per un qualsiasi
istante del dato giorno. I valori della declinazione sono pubblicati di anno in anno
nelle effemeridi del Sole e sono riferiti alle *ore 0,0* (mezzanotte) del *T.U.* o *T.M.G.*
(tempo universale o tempo medio di Greenwich). Insieme con la declinazione sono
dati anche, tra gli altri, il tempo siderale *T.S.G.*, l'ascensione retta α, il transito al
meridiano, che è uno degli elementi dell'equazione del tempo, l'ora del sorgere e
quella del tramontare, il *giorno giuliano*.

I valori di queste grandezze, a parte il giorno giuliano che è sempre crescente,
non si ripetono ciclicamente e per questo non è possibile calcolarli una volta per tutte. Ciò dipende dal fatto che la durata dell'anno solare espressa in giorni è un numero con una parte periodica.

Le più accurate misurazioni danno, infatti, una durata di $8765^h\ 48^m\ 46.98^s$ che
espressa in giorni è *365.242210416*. Le grandezze relative al movimento apparente
del Sole oscillano perciò intorno a determinati valori medi ma non possono mai ri-
petersi uguali a se stesse in uno stesso giorno di anni diversi. Per calcolare la declinazione e l'ascensione retta del Sole al mezzogiorno di un giorno dato è necessario
conoscere la sua posizione sull'orbita, istante per istante, mediante le sue coordinate
eclittiche. Poiché la latitudine eclittica del Sole è sempre pari a *0*, la sua posizione è
definita se è nota la longitudine eclittica *(fig.1)*. Sia S la posizione sull'eclittica in un
dato istante. L'angolo θ misurato dal perigeo si dice *anomalia vera* del Sole.

Se si traccia la circonferenza con centro nel centro dell'eclittica e diametro pari
alla distanza tra l'apogeo e il perigeo, diametro maggiore dell'eclittica, la perpendicolare per S a tale diametro individua sulla circonferenza, detta *podaria*
dell'eclittica, il punto S' dalla stessa parte di S.

L'angolo υ nel centro C, sempre misurato dal perigeo e relativo ad S', si dice
anomalia eccentrica del Sole.

Si dice infine *anomalia media* μ del Sole, l'angolo dal perigeo del Sole medio
che percorre l'eclittica con velocità angolare v_α costante.

Se si fissa in t_p l'istante in cui il Sole transita al perigeo, al tempo t si ha: $\mu = v_\alpha$ *(t - t_p)*. L'anomalia media μ è perciò una quantità nota.

equazione del tempo – fig.1

Se si conoscono la longitudine eclittica media ε_0 del Sole medio all'istante t_0 e la longitudine eclittica ω_0 del perigeo nello stesso istante, è sufficiente determinare il tempo t trascorso da t_0. Tradotto in giorni e tenuto conto del fatto che il Sole percorre l'angolo giro in *365.2422* giorni, si ha:

$$\mu = \frac{360°}{365.2422} \times D + \varepsilon_0 - \omega_0$$

a meno di un numero intero di angoli giri e con D numero di giorni, compresa l'eventuale parte frazionaria, trascorsi da t_0.

Se t_0 è la mezzanotte tra il *30* ed il *31* dicembre *1979*, astronomicamente noto come giorno *0,0 gennaio 1980 (tipo di giorno fittizio introdotto per semplificare il computo dei giorni, con la parte decimale che indica la frazione di giorno: così il mezzogiorno del 31 dicembre si indica come 0.5 gennaio)*, dalle *Astronomical*

Ephemeris si ricava

$$\varepsilon_0 = 278°{,}833540$$
$$\omega_0 = 282°{,}596403$$

con origine delle longitudini dalla direzione del punto γ.

Per determinare la posizione di S sull'orbita basta determinare l'anomalia eccentrica υ che è legata all'anomalia media μ dalla relazione, detta *equazione di Neper* e ricavabile dalla *terza legge di Keplero*:

$$\mu = \upsilon - e \times \text{sen}(\upsilon)$$

dove $e = 0.016718$ è *l'eccentricità dell'eclittica*.

E' possibile risolvere questa equazione trascendente per via iterativa assumendo in prima approssimazione $\upsilon = \mu$ e considerando esatto il valore di υ quando due soluzioni successive dell'equazione differiscono meno di una quantità ε prefissata e piccola a piacere.

Si ha che fissata la precisione richiesta ε e posto $\upsilon = \mu$ si ricava

$$\delta = \upsilon - e \times \text{sen}(\upsilon) - \mu;$$

se $\delta < \varepsilon$, υ è il valore cercato, altrimenti si determina

$$\Delta\upsilon = \frac{\delta}{1 - e \times \cos(\upsilon)}$$

e si sostituisce al precedente valore di υ il nuovo valore $\upsilon - \Delta\upsilon$ e così di seguito fino a quando non si ottiene $\delta < \varepsilon$.

L'anomalia vera θ si ricava dall'equazione:

$$\tan\left(\frac{\vartheta}{2}\right) = \tan\left(\frac{\upsilon}{2}\right) \times \sqrt{\frac{1+e}{1-e}}$$

ed infine la longitudine eclittica è:

$$\lambda = \vartheta + \omega_0$$

a meno di un numero intero di angoli giri.

E' conveniente determinare λ al mezzogiorno del giorno prescelto aggiungendo nel computo di *D* 0.5 giorni perché in tal caso l'ascensione retta coincide con il tempo siderale.

L'ascensione retta α e la declinazione δ sono date dalle espressioni di conversione delle coordinate eclittiche in coordinate equatoriali:

$$\alpha = arc\tan\left(sen(\lambda) \times cos(\varepsilon) - tg(\beta) \times \frac{sen(\varepsilon)}{cos(\lambda)}\right)$$

$$\delta = arc.sen(sen(\beta) \times cos(\varepsilon) + cos(\beta) \times sen(\varepsilon) \times sen(\lambda))$$

e tenendo conto *(cap. I)* che *β = 0*:

$$\alpha = arc\tan\left(sen(\lambda) \times \frac{cos(\varepsilon)}{cos(\lambda)}\right)$$

$$\delta = arc.sen(sen(\varepsilon) \times sen(\lambda))$$

La conversione è complicata dal fatto che ε, che qui rappresenta l'*obliquità* dell'eclittica, è variabile nel tempo e se ne deve conoscere il valore medio al momento della determinazione di α e δ. Esso dipende dal tempo trascorso a partire dall'istante t_0 di riferimento che gli astronomi hanno scelto come il *mezzogiorno sul meridiano di Greenwich del primo gennaio dell'anno 4713 a.C.* Il numero di giorni trascorsi da allora si dice *numero del giorno giuliano* o *data giuliana*. Si comprende ora perché nelle tabelle delle effemeridi è riportato per ogni giorno anche il numero *GG* del giorno giuliano.

Per conoscere la data giuliana di un giorno qualsiasi, bisogna ricordare che il numero di giorni trascorsi dal *4713 a.C.* allo *0.0 gennaio dell'anno 0* (correttamente è l'istante 0 di passaggio tra l'anno -1 (primo a.C.) e l'anno 1 (primo d.C.) non potendo esistere un anno 0) è *1,720,994.5* e che i giorni dal *5 al 14 ottobre incluso dell'anno 1582* sono mancanti perché aboliti con l'adozione del *calendario gregoriano* in sostituzione del *calendario giuliano*.

E' da notare che il giorno giuliano indicato nelle effemeridi ha sempre la parte decimale *0.5* e ciò perché l'istante iniziale è il mezzogiorno del primo gennaio *4713* a.C., mentre le grandezze sono determinate alle ore *0.0* del *T.U.* con una sfasatura, quindi, di *0.5* giorni.

L'equazione che fornisce il valore dell'obliquità media dell'eclittica è la seguente:

$$\varepsilon = 23°27'08'',26 - 46.845'' \times T - 0.0059'' \times T^2 + 0.00181'' \times T^3$$

dove *T* è il *numero di secoli giuliani* trascorsi dalla data *0.5 gennaio 1900 (ore 12 del 31.12.1899)*. Il suo numero giuliano è *2,415,020.0*.

Se si conosce la data giuliana *GG* di un qualsiasi giorno si ha:

$$T = \frac{GG - 2,415,020.0}{36525}$$

con *36525* circa uguale al numero di giorni contenuti in un secolo.

E' possibile, ora, calcolare la declinazione meridiana δ e l'ascensione retta α con l'avvertenza, per quest'ultima, che, detto

$$A = arc \tan\left(\text{sen}(\lambda) \times \frac{\cos(\varepsilon)}{\cos(\lambda)} \right),$$

se:

$$\left(\begin{array}{c} \text{sen}(\lambda) \times \cos(\varepsilon) \rangle 0 \\ \cos(\lambda) \rangle 0 \end{array} \right) \Rightarrow \alpha = A$$

$$\left(\begin{array}{c} \text{sen}(\lambda) \times \cos(\varepsilon) \rangle 0 \\ \cos(\lambda) \langle 0 \end{array} \right) \Rightarrow \alpha = A + 2 \times \pi$$

$$(\text{sen}(\lambda) \times \cos(\varepsilon) \langle 0) \Rightarrow a = A + \pi.$$

Se si trasforma l'ascensione retta espressa in ore decimali e coincidente con il *T.S.G.* in *T.M.G.* si ottiene l'equazione del tempo *E* con valore positivo o negativo, espresso in ore, minuti, secondi, da:

$$E = 12 - T.M.G.$$

ove *12* è l'ora della culminazione del Sole medio e *T.M.G.* è l'ora della culminazione del Sole vero.

La trasformazione di *T.S.G.* in *T.M.G.* dipende da tre costanti:

$$A = 0.0657098$$
$$C = 1.0022738$$
$$D = 0.997270$$

e da una grandezza *B* che varia di anno in anno e il cui valore oscilla intorno a *17.4*.

Per determinare *B* per un qualsiasi anno si calcola dapprima il numero *T* di secoli giuliani trascorsi dalla data *0.5 gennaio 1900* alla data *0.0 gennaio* dell'anno in questione e poi si risolve la seguente equazione:

$$B = 24 - ((6.6460656 + 2400.051262\ T + 0.00002581\ T^2) - 24\ (anno - 1900))$$

Si determina, poi, il numero d di giorni fra lo *0.0* gennaio e le ore *0* del giorno del quale si vuole il valore di E e si definisce $T_0 = d \times A - B$ e se il risultato è negativo si aggiunge *24*. Si sottrae T_0 dal valore dell'ascensione retta espressa in ore decimali in modo da avere $T_1 = \alpha - T_0$ e, ancora, se il risultato è negativo si aggiunge *24*.

Si ottiene, infine, in ore decimali:

$$T.M.G. = T_1 \times D$$

che convertito in ore, minuti, secondi e sottratto da *12*, dà il valore di E per il giorno in esame.

Se si raccolgono i valori di E per tutti i giorni dell'anno sotto forma di diagramma *(fig.2),* si ottiene la curva già menzionata.

Le correzioni da apportare si leggono dalla fondamentale passante per *0* e nel caso della figura consentono di ottenere il tempo medio da quello vero.

In un Paese, però, il tempo al quale si fa riferimento è il *tempo civile*, valido su tutto il suo territorio o su parte di esso, e definibile come il *tempo medio relativo al meridiano centrale del fuso orario* al quale il Paese o parte di esso appartiene.

Per l'Italia il meridiano centrale del fuso è quello passante per l'Etna, a *15°* di longitudine est Greenwich.

Tutte le località che hanno longitudine est minore di *15°* sono in ritardo rispetto alla culminazione del Sole sul meridiano centrale, mentre quelle con longitudine est maggiore di *15°* sono in anticipo.

Se il ritardo, o l'anticipo, si traduce in minuti e secondi è possibile, con la curva dell'equazione del tempo e senza determinare il tempo medio, conoscere il tempo civile da quello vero.

Per una località a longitudine est di *14° 36'* il ritardo è di *(14° 60' - 14° 36')* = *24'* pari a $1^m\ 36^s$. Se si abbassa la fondamentale della curva di questa quantità, si ottiene per la località in oggetto la *correzione totale del tempo*.

Questo procedimento è applicabile al meridiano centrale di qualunque fuso ed è evidente che lo spostamento massimo della fondamentale, per le longitudini interne al fuso, può essere al più pari ad una quantità corrispondente a *±30* minuti.

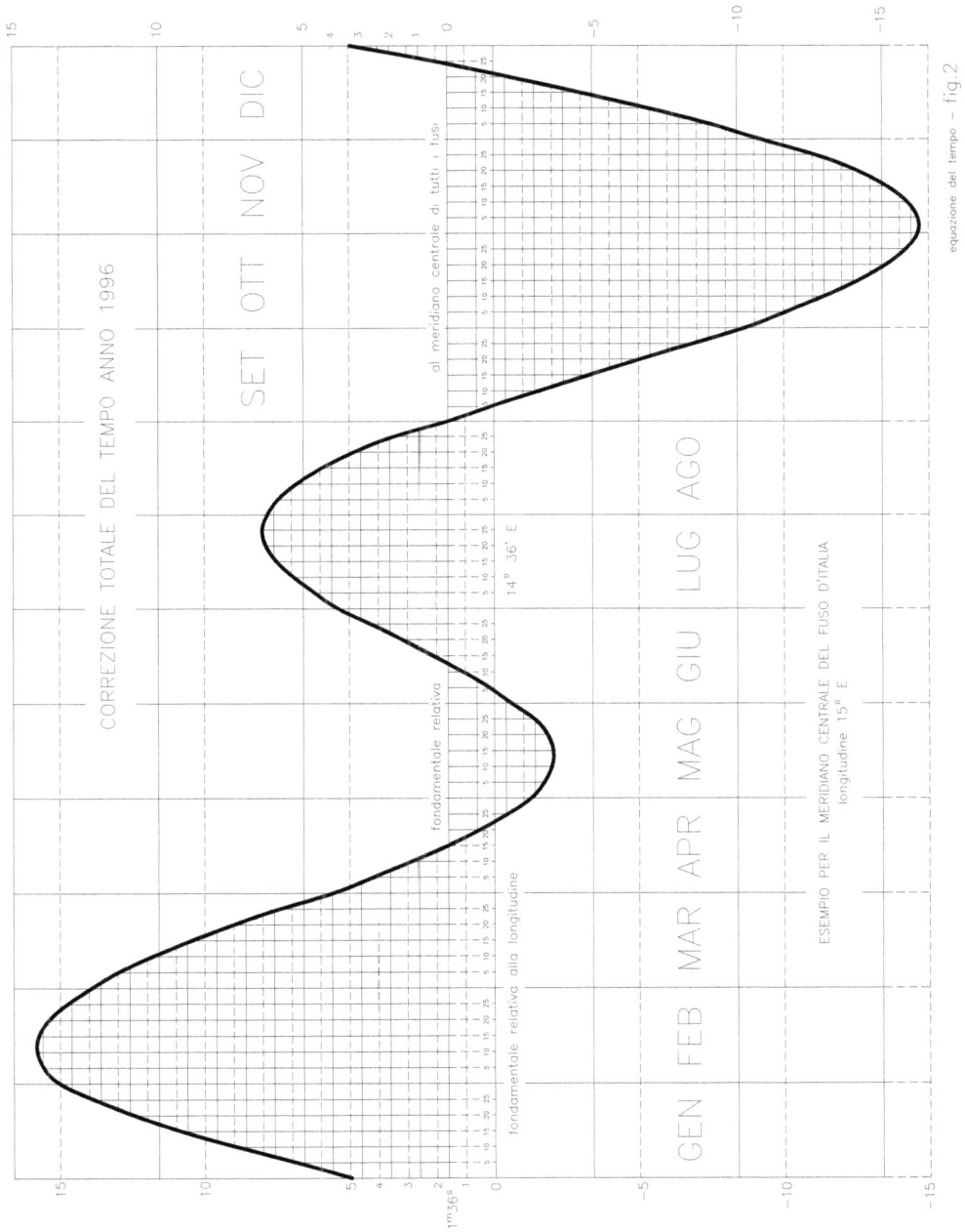

equazione del tempo – fig.2

L'interfaccia è organizzata con un insieme di pulsanti attraverso i quali si im-

mettono i dati, e con un insieme di tabelle ed etichette per la raccolta e la lettura dei risultati.

Di volta in volta è attivo un solo pulsante, a seconda del dato da immettere. Le richieste, in successione, nell'immissione dati, sono relative:

agli angoli φ_1 e φ_2 (H e V):

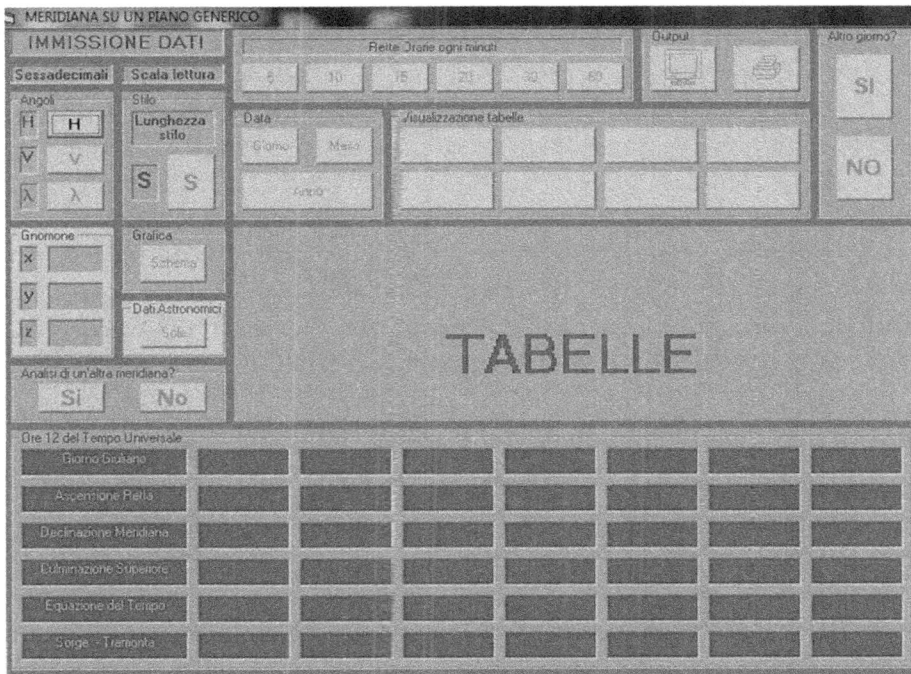

essi devono essere immessi in forma sessadecimale.

Un angolo di *36° 25' 37"*, ad esempio, in forma sessagesimale, diventa $36° + \left(\dfrac{25 \times 60 + 37}{3600} \right) = 36°.4269444$ in forma sessadecimale. Se, assegnato φ_1, φ_2

non rientra nel *dominio di compatibilità*, se ne ha avviso con conseguente *stop* in attesa di nuovo avvio.

alla latitudine del luogo in forma sessadecimale λ;

alla lunghezza dello stilo s:
essa determina la scala di lettura delle coordinate sul quadro. Se si immette il valore *1* e, ad esempio, si intende un metro, le coordinate devono essere lette in metri; nel caso del piano di profilo, tuttavia, la sua lunghezza non può essere pari ad *1*. Non si otterrebbe, infatti, proiezione avendo scelto pari ad *1* anche il raggio della sfera celeste. Un messaggio segnala la circostanza nel caso che la lunghezza dello stilo sia superiore a *0.5*.

all'intervallo in minuti delle rette orarie:
si possono indicare: *5-10-15-20-30-60* minuti;

alla opzione di visualizzazione dei calcoli (schermo o stampante):
nel seguito si farà riferimento ai risultati a video, simili a quelli della stampante;

alla data come giorno, mese, anno:
la forma è gg, mm, anno: così il *7 settembre 1996* è *07,09,1996*. Il numero massimo di giorni che si può immettere è pari a *7*. Si può ammettere, infatti, che per le coppie di giorni equidistanti dai solstizi, la proiezione sia coincidente. E' possibile, con questa approssimazione, considerare il percorso del sole o dal solstizio d'inverno verso il solstizio d'estate oppure dal solstizio d'estate verso il solstizio di inverno. I giorni, per le ragioni di rappresentazione grafica sullo schermo delle quali si dirà nel seguito, devono essere immessi in successione dal 23 dicembre al 21 giugno oppure dal 21 giugno al 23 dicembre. Immettere, ad esempio, un giorno di marzo prima di un giorno di gennaio o un giorno di ottobre prima di un giorno di luglio, comporta uno sgradevole effetto grafico. E' possibile il calcolo delle coordinate per tutti i giorni dell'anno per blocchi di 7. Si analizzano tutti gli 1, poi tutti i 2, ecc.

Appena immesso l'anno, è fornita la seguente serie di dati:

il giorno giuliano:
a ore *12* di *Tempo Universale* o *Tempo Medio di Greenwich*, confrontabile con quello fornito nelle effemeridi riferito a *0* ore di *T.U.* e dal quale differisce di *+0.5* giorni. La determinazione del giorno giuliano consente di calcolare il numero di giorni che intercorre tra due date qualsiasi;

l'ascensione retta:
a *12* ore di *T.U.* in ore, minuti, secondi, anch'essa confrontabile con la media tra quelle riferite alle ore *0* di *T.U.* precedenti e alle ore *0* di *T.U.* successive;

la declinazione meridiana:
in forma sessagesimale, sempre per un più comodo confronto;

l'ora della culminazione superiore:
ovvero il transito sul meridiano del luogo del sole vero rispetto al sole medio;

l'equazione del tempo:
differenza tra l'ora di transito del sole vero e le ore 12, transito del sole medio;

le ore del sorgere e del tramontare del sole:
il dato non tiene conto della rifrazione.

Nella finestra delle tabelle, che si possono rendere invisibili, sono riportati:

l'ora:

in funzione dell'intervallo precedentemente indicato;

l'azimut e l'altezza del sole:

coordinate altoazimutali in forma sessadecimale;

l'ascissa e l'ordinata:

coordinate della intersezione del raggio con il quadro nel riferimento locale.

E' da precisare che i dati di questa tabella si riferiscono esclusivamente all'intervallo di tempo durante il quale è illuminata la faccia del quadro verso la quale è posto lo gnomone.

Sono esclusi automaticamente tutti i valori che si riferiscono alle intersezioni del raggio con il quadro quando il sole si trova dalla parte opposta rispetto allo gnomone.

Nel *frame* dedicato sono riportate le coordinate dello gnomone nel riferimento locale. Se si vuole analizzare un altro giorno basta premere il pulsante *Sì* nel frame *altro giorno*. Se si preme *No* si attivano i pulsanti relativi alla *grafica* e ai *dati astronomici*.

Risultati per sette giorni in corrispondenza delle variazioni dei segni zodiacali. Sono visibili, in trasparenza, su ciascun pulsante, i dati immessi. La tabella è resa visibile dal relativo pulsante (in questo caso il 22.12.2009). Sono attivi schema grafico e dati astronomici del sole.

Il pulsante *Schema* attiva il *form* aspetto grafico in cui sono indicati:

- *gli angoli H sul piano orizzontale e V sul piano verticale;*
- *la lunghezza dello stilo;*
- *la latitudine;*
- *i giorni analizzati e il tipo di quadro con la eventuale posizione dello gnomone;*

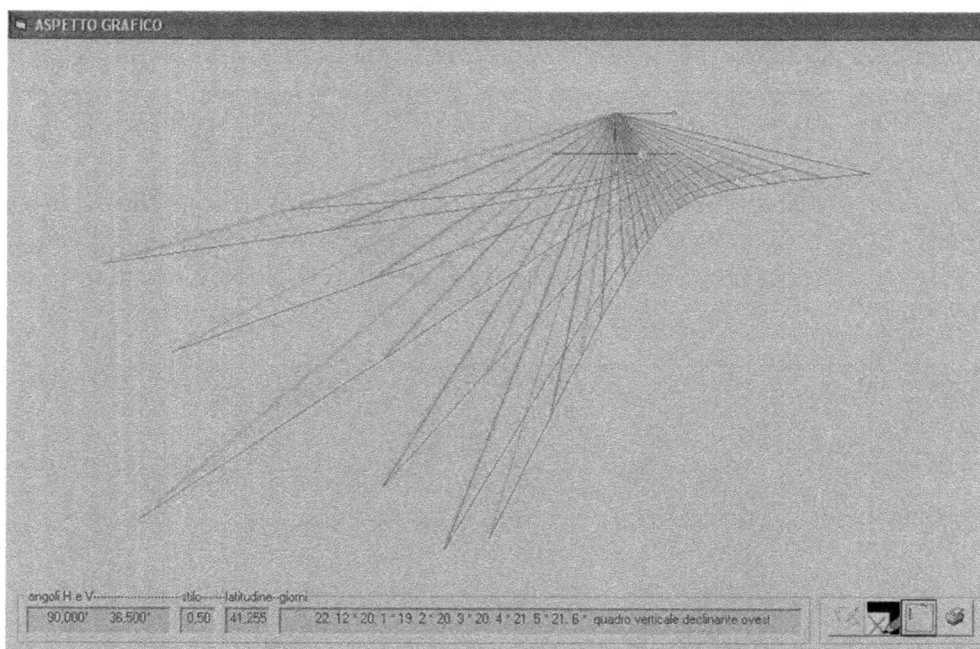

Il *form* con la rappresentazione grafica della meridiana corredato dai pulsanti *scrivi dati, cancella dati, disegna grafico, stampa.*

le coordinate dello gnomone nel riferimento locale:
sono in successione le coordinate *x, y, z*.
La *x* e la *y* sono le coordinate del punto d'intersezione del quadro con la perpendicolare ad esso passante per lo gnomone. La *z* è la distanza dello stesso dal quadro.
Esse sono fondamentali per il corretto posizionamento dello stilo. Se è nota l'origine del riferimento basta costruire il parallelepipedo avente spigoli *x, y, z* e appoggiarlo sul quadro in modo che il lato *x* sia sovrapposto all'asse *x* e il lato *y* all'asse *y*. Il vertice opposto all'origine materializza lo gnomone.

la latitudine:
l'angolo $\varepsilon \cong 23° 27'$ è l'*obliquità dell'eclittica.*
Se $\lambda \geq (90° - \varepsilon)$ il luogo cade sul *circolo polare* o al suo interno. Poiché l'altezza del sole a mezzogiorno è $h_m = (90° - \lambda + \delta_m)$, per valori negativi della declinazione me-

ridiana può essere, in determinati periodi, $h_m < 0$: il sole cioè non sorge. Se il giorno immesso cade in uno di questi periodi è dato avviso che la zona è in ombra ed esso non è conteggiato.

E' possibile per un punto, se $(66° 33' \leq \lambda \leq 90°)$ e perciò sul circolo polare o al suo interno, determinare per successive approssimazioni, il giorno nel quale per esso passa la *separatrice d'ombra*: bisogna determinare due date contigue e solo per la prima di esse deve comparire il messaggio di cui innanzi. Per $\delta_m > 0$, invece, sempre sul circolo polare o al suo interno, può essere $h_m > 0$ nell'arco delle *24* ore. In questo caso il percorso del sole è circumpolare, cioè non tramonta, e si ottiene la proiezione per tutte le *24* ore.

il tipo di quadro:

è indicato rispetto al riferimento di Monge costituito dal piano che rappresenta l'orizzonte del luogo e dal piano verticale est-ovest.

Quando il quadro è *anteriore*, si considera illuminata sempre la faccia rivolta verso sud e quindi anche lo gnomone è verso sud. Il piede dello stilo è l'origine delle coordinate, l'asse x è l'orizzontale del quadro e l'asse y una sua retta di massima pendenza orientata positivamente verso la *linea di terra*.

L'orientamento dell'asse x è funzione dell'angolo che la prima traccia del quadro forma con la linea di terra. Se esso è $\leq 90°$ il sistema è *levogiro* nel senso che l'asse y si sovrappone all'asse x mediante una rotazione in senso antiorario di *90°*. Se esso è $> 90°$ il sistema è *destrogiro* e y si sovrappone ad x con una rotazione di 90° in senso orario.

Se il quadro è *posteriore*, esiste la possibilità che possano essere illuminate entrambe le sue facce. Se $\varphi_1 < 90°$ e $\varphi_2 > 90°$ il quadro è definito posteriore e declinante ovest. Si considera illuminata la faccia verso sud quando l'angolo φ_1 è maggiore della latitudine λ del luogo (si potrebbe scegliere in verità tra molte alternative) ed il sistema è destrogiro. Se $\varphi_1 \leq \lambda$ è illuminata la faccia verso nord ed il sistema è levogiro. Se $\varphi_1 > 90°$ e $\varphi_2 < 90°$ il quadro è definito posteriore e declinante est. Se $\lambda \leq (\varphi_1 - 90°)$ si considera illuminata la faccia verso nord ed il sistema è destrogiro. Con $\lambda > (\varphi_1 - 90°)$ è illuminata la faccia verso sud ed il sistema è levogiro. Gli unici altri quadri posteriori sono quelli paralleli alla linea di terra con φ_1 e φ_2 entrambi $> 90°$ e tali che la loro somma è pari a *270°;* e tra questi è il quadro parallelo all'equatore *(piano equatoriale).*

Se uno dei due angoli è $< 90°$ e la loro differenza in valore assoluto è pari a *90°*, il quadro è posteriore e parallelo alla linea di terra e l'angolo che è $< 90°$ viene automaticamente sostituito, e ne è dato avviso, con il suo supplementare. Se per il piano equatoriale *($\varphi_1 = \lambda + 90°$ e $\varphi_2 = 180° - \varphi_1$)* è immesso un giorno di equinozio è dato avviso del parallelismo tra i raggi ed il quadro.

In tal caso si perdono eventuali dati già elaborati e bisogna ricominciare. Il giorno di equinozio è quello contenente l'istante in cui la declinazione meridiana è uguale a zero. Poiché questo può avvenire in un solo punto dell'equatore, può accadere che per una località qualsiasi il giorno di equinozio sia contiguo al *21* marzo o al *23* settembre.

Per l'anno *1996* l'equinozio di primavera cade il *20* marzo. Si ha, infatti, per il *19* marzo δ_m = *-19'43"* e per il *20* marzo δ_m = *3'59"*. Si potrebbe, per interpolazione tra i due valori e operando sulle *24* ore, determinare il meridiano sul quale si è annullata la declinazione.

Gli unici altri quadri aventi lo gnomone verso nord rispetto al piede dello stilo sono quelli per i quali il solo φ_2 = *90°*. Se φ_1 < *90°* il quadro è declinante ovest ed il sistema di coordinate locali è levogiro; in particolare, se φ_1 = *0* il quadro è orizzontale. Se φ_1 > *90°* il quadro è declinante est ed il sistema è destrogiro. Per questi quadri particolari, che per avere φ_2 = *90°* si dicono proiettanti in seconda proiezione, si può osservare che per due qualunque di essi, tali che i rispettivi angoli φ_1 siano supplementari, la proiezione è esattamente simmetrica o, più precisamente, speculare. Per questi quadri, inoltre, si è considerata illuminata la faccia superiore. Se si vuole illuminata la faccia inferiore, sempre con la condizione $\varphi_1 \leq \lambda$ oppure $\lambda \leq (\varphi_1 -$ *90°)*, è possibile determinare la proiezione osservando che l'altezza del sole varia simmetricamente rispetto al mezzogiorno.

Se si conserva il riferimento, per determinare la proiezione ad una data ora sulla faccia inferiore, basta cambiare segno ad entrambe le coordinate relative alla proiezione dell'ora, simmetrica rispetto al mezzogiorno, ricavata per la faccia superiore. Anche le coordinate dello gnomone, evidentemente, devono essere cambiate di segno. Per i quadri aventi lo gnomone verso nord è conveniente immettere i giorni dal *21* giugno al *23* dicembre. Per tutti gli altri è invece conveniente immetterli dal *23* dicembre al *21* giugno.

Si evita, in tal modo, nell'aspetto grafico, la sovrapposizione di più rette orarie. Il quadro anteriore parallelo alla linea di terra con $\varphi_1 = \lambda$ è parallelo allo stilo. Esso è spostato verso l'alto di una quantità pari a *s* $\times$ *sen(λ)* ove *s* è la sua lunghezza. L'origine del riferimento è il punto d'intersezione tra il quadro e la verticale passante per il piede dello stilo.

Paralleli allo stilo sono:

- il quadro di profilo avente φ_1 = φ_2 = *90°;*
- il quadro orizzontale alla latitudine λ = *0°;*
- tutti i quadri verticali alla latitudine λ = *90°.*

Per questi quadri si sposta lo stilo di una quantità pari ad *s* in direzione ad essi perpendicolare. Si ha così parallelismo delle rette orarie e origine delle coordinate come punto di intersezione del quadro con la perpendicolare ad esso passante per il piede dello stilo.

Per il quadro di profilo si è considerata illuminata la faccia ovest. La proiezione sulla faccia est è speculare.

l'orizzonte:

è la retta d'intersezione del quadro con il piano orizzontale passante per lo gnomone. Se il quadro è orizzontale questa retta, detta brevemente *orizzonte*, è impropria e perciò non è riportata. Nel caso in esempio passa per la proiezione dello gnomone (quadro verticale).

il sistema di assi x, y:

in colore magenta con indicazione mediante freccia del verso positivo. L'asse *y* è rivolto verso il basso; l'asse *x* è rivolto verso destra se il sistema è levogiro e verso sinistra se il sistema è destrogiro.

la proiezione ortogonale dello gnomone:

rappresentata da un cerchio e una coppia di assi di colore bianco.

le rette orarie:

sono le congiungenti l'origine degli assi, il piede dello stilo, con l'intersezione del raggio col quadro ad una determinata ora. Se lo stilo è parallelo al quadro il fascio delle rette orarie è a sostegno improprio e perciò esse sono tutte parallele tra loro.
Le rette orarie relative alle ore intere sono riportate in colore rosso, quelle relative alla mezzora in verde e quelle relative a intervalli più piccoli in turchese.

le curve diurne:

dette anche curve di declinazione. Le dodici curve relative ai giorni di passaggio del sole da una costellazione all'altra prendono il nome di curve dei segni o mensili, secondo il prospetto che segue:

20 gennaio	*acquario*
19 febbraio	*pesci*
20 marzo	*ariete*
20 aprile	*toro*
21 maggio	*gemelli*
21 giugno	*cancro*
23 luglio	*leone*
23 agosto	*vergine*
23 settembre	*bilancia*
23 ottobre	*scorpione*
22 novembre	*sagittario*
22 dicembre	*capricorno*

Una curva diurna rappresenta l'intersezione con il quadro del cono avente come vertice lo gnomone e base la circonferenza *(in realtà si ricordi che si tratta di un ramo di spirale)* percorsa dal sole in un dato giorno.

Essa è una conica e precisamente, detto $\xi = (90° - \lambda) + \varphi_1$ l'angolo che il quadro forma con il piano equatoriale, si ha:

una iperbole per $\xi > \delta_m$;   *una parabola per $\xi = \delta_m$*
una ellisse per $\xi < \delta_m$;   *una circonferenza per $\xi = 0$.*

Le curve diurne sono rappresentate da spezzate di colore rosso. Le rette orarie, che sono l'unione delle intersezioni alla stessa ora di giorni diversi, terminano sull'ultima curva diurna intersecabile. Il quadro risulta diviso in zone a seconda della lunghezza delle rette orarie. Questo indica i periodi dell'anno in cui le parti del quadro con le rette orarie più corte sono effettivamente illuminate. Per valori di *s* minori di *0.3*, la differenza in valore assoluto tra una coordinata e la successiva può essere piccola. In tal caso, essendo lo schermo in coordinate discrete, l'andamento delle rette orarie e delle curve diurne è in forma di spezzata. Per ovviare in parte a questo è stata ampliata la parte di piano rappresentata dallo schermo con conseguente rimpicciolimento dell'immagine. Non è consigliabile, pertanto, solo in relazione all'aspetto grafico, usare valori troppo piccoli di *s*. Il pulsante *Sole* attiva il *form* con i dati astronomici.

GIORNO	OBLIQUITA'	UA	PARALLASSE	DIAMETRO	TS al sorgere	TS al tramonto
22. 12. 2009	23 ° 26 ' 16 "	0,98362	8,94 "	32 ' 31 "	13 h 33 m 6 s	22 h 35 m 57 s
20. 1. 2010	23 ° 26 ' 16 "	0,98405	8,936 "	32 ' 30 "	15 h 25 m 22 s	0 h 53 m 2 s
19. 2. 2010	23 ° 26 ' 16 "	0,98869	8,894 "	32 ' 21 "	16 h 51 m 44 s	3 h 29 m 22 s
20. 3. 2010	23 ° 26 ' 16 "	0,99602	8,829 "	32 ' 6 "	18 h 0 m 3 s	5 h 57 m 37 s
20. 4. 2010	23 ° 26 ' 16 "	1,00482	8,751 "	31 ' 50 "	19 h 12 m 8 s	8 h 33 m 28 s
21. 5. 2010	23 ° 26 ' 16 "	1,01224	8,687 "	31 ' 36 "	20 h 38 m 24 s	11 h 7 m 50 s
21. 6. 2010	23 ° 26 ' 16 "	1,0163	8,652 "	31 ' 28 "	22 h 32 m 29 s	13 h 29 m 40 s

Il *form* dei dati astronomici con il pulsante *scrivi*.

Nel seguito sono riportati i *form* per la casistica alla latitudine nord $\lambda = 41°.255$.

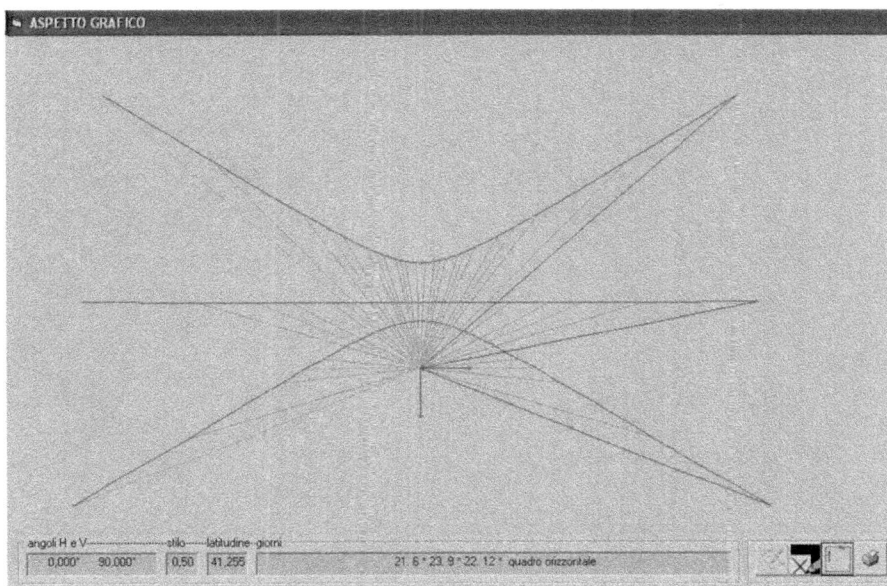

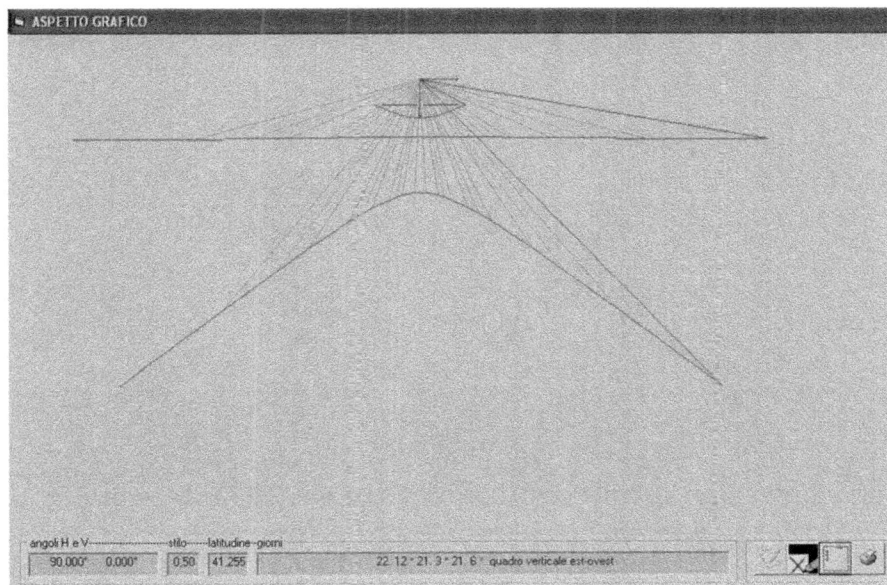

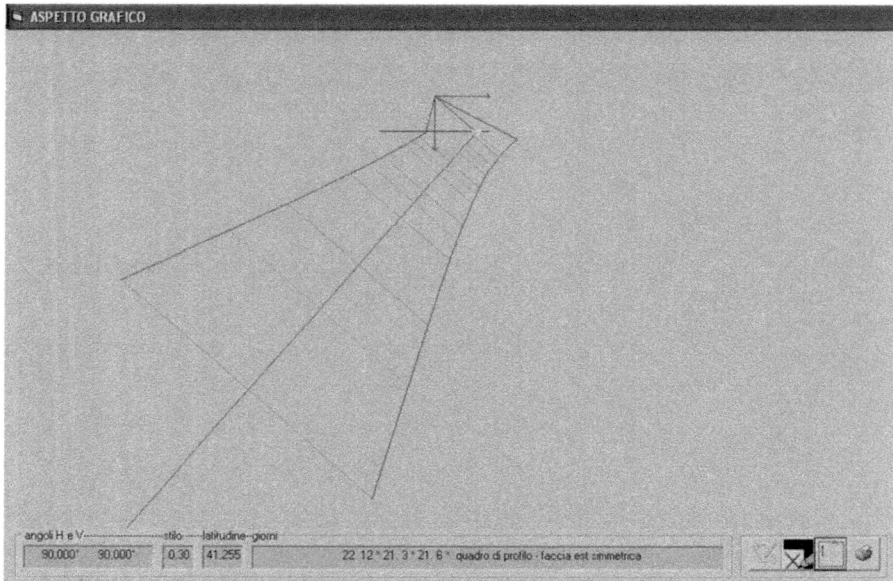

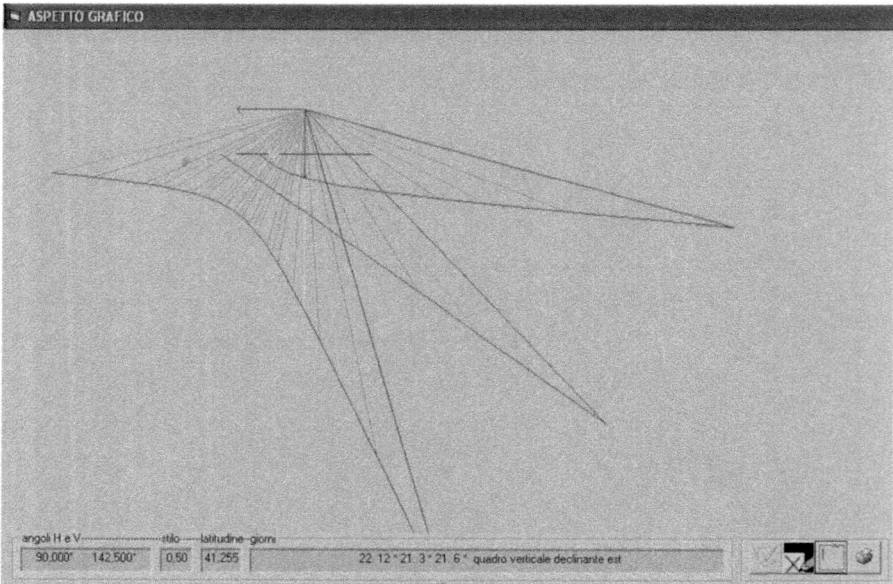

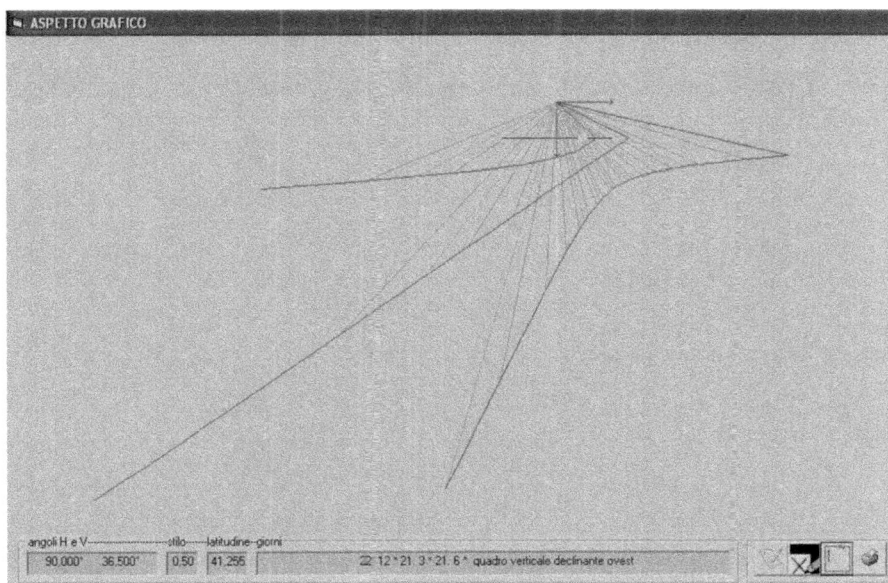

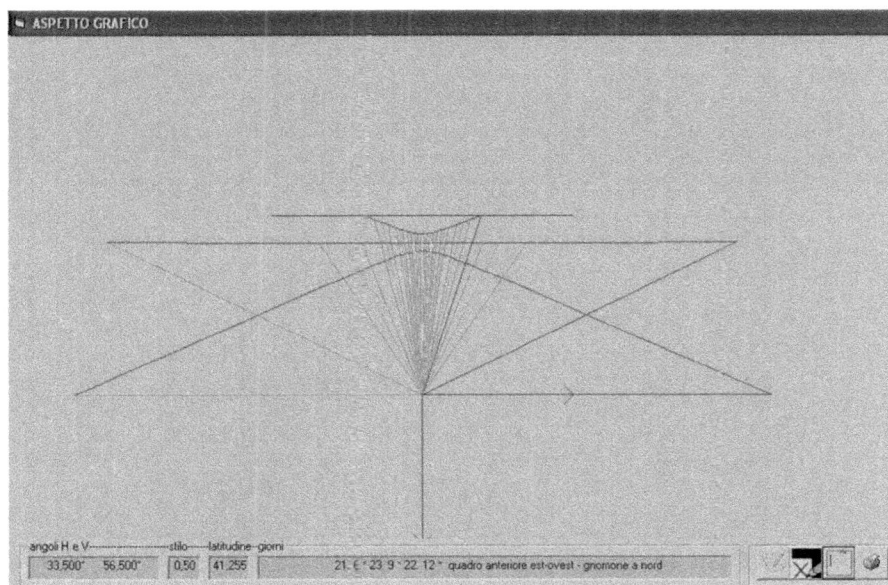

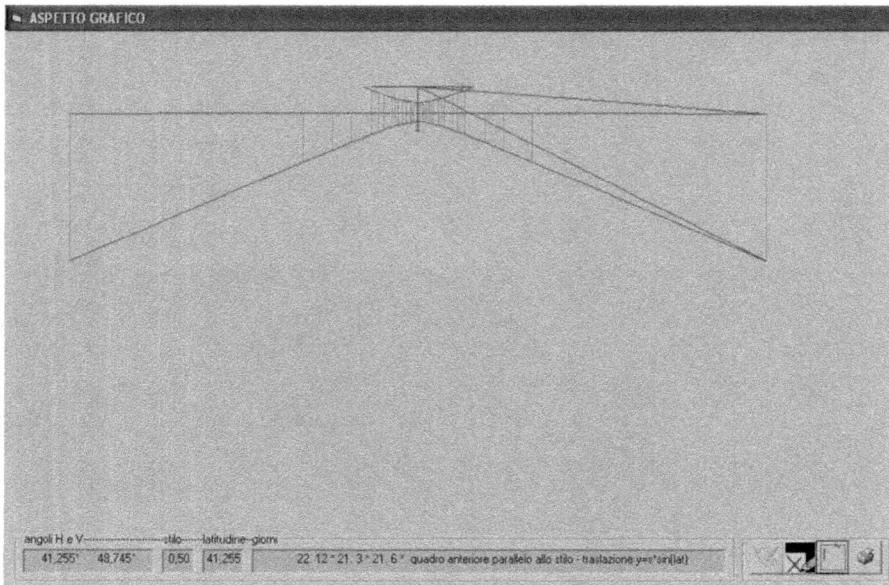

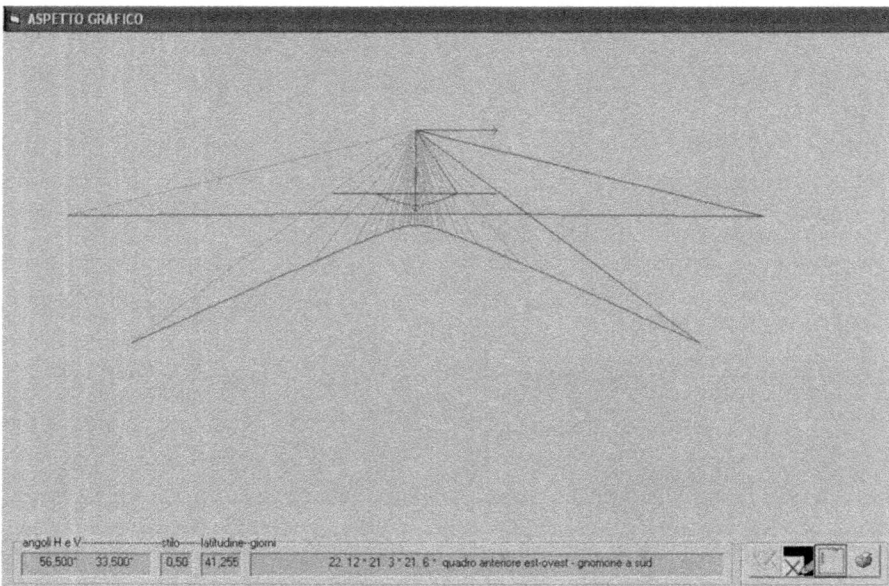

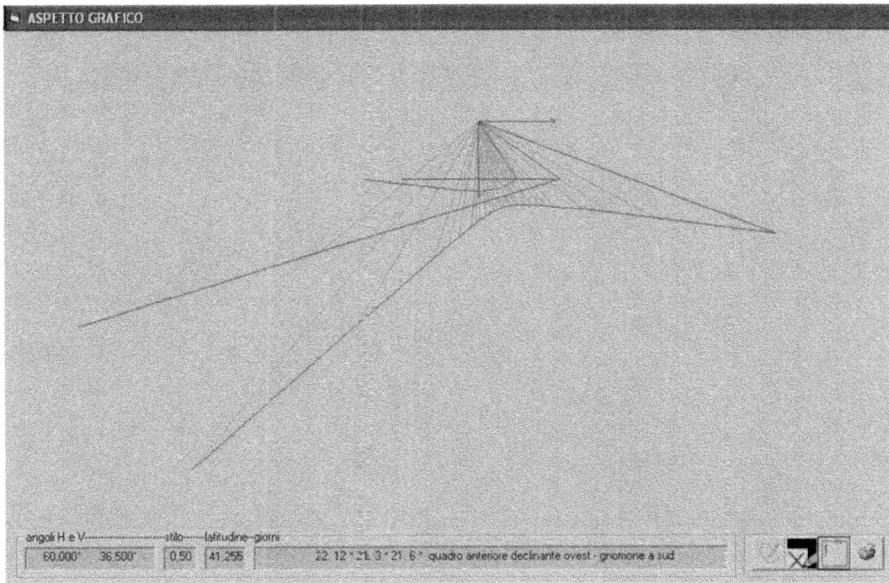

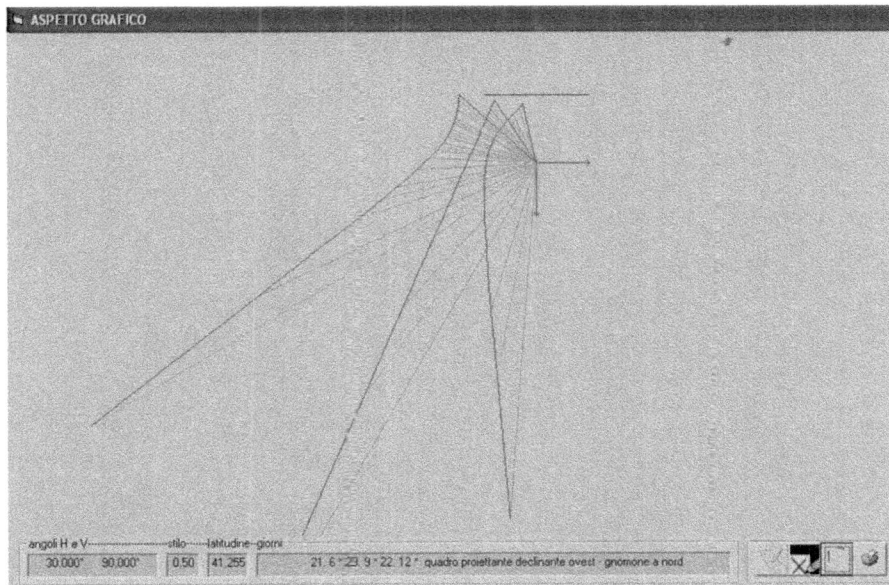

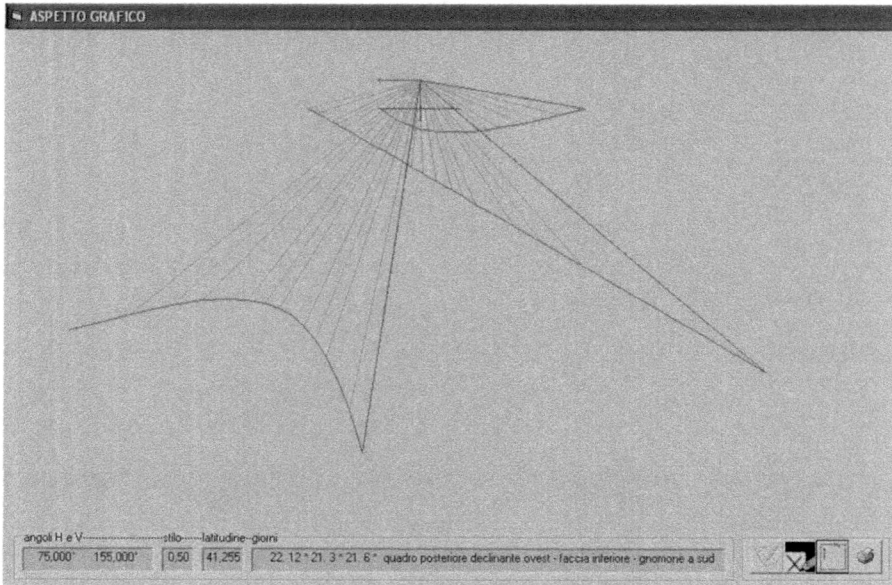

angoli H e V———————stilo——latitudine-giorni
75,000° 155,000° 0,50 41,255 22. 12 * 21. 3 * 21. 6.* quadro posteriore declinante ovest - faccia inferiore - gnomone a sud

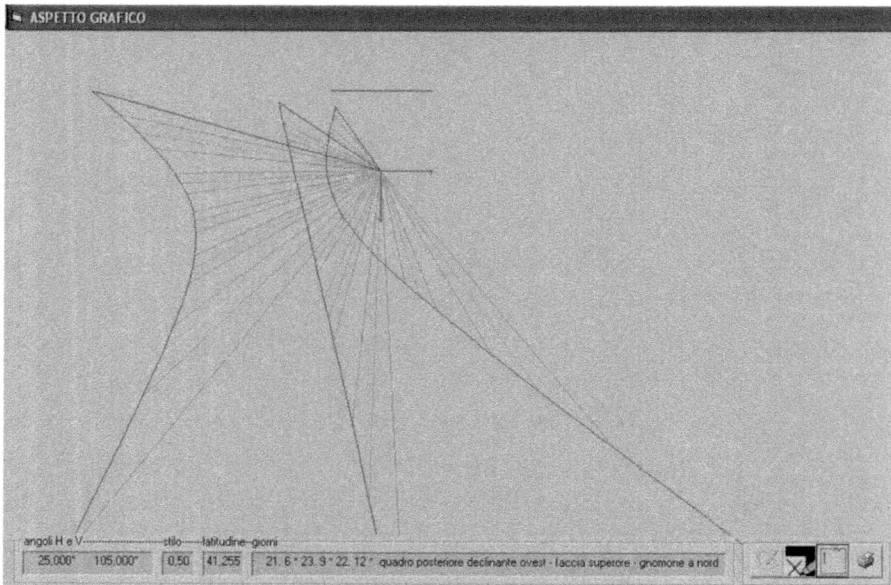

angoli H e V———————stilo——latitudine-giorni
25,000° 105,000° 0,50 41,255 21. 6 * 23. 9 * 22. 12.* quadro posteriore declinante ovest - faccia superore - gnomone a nord

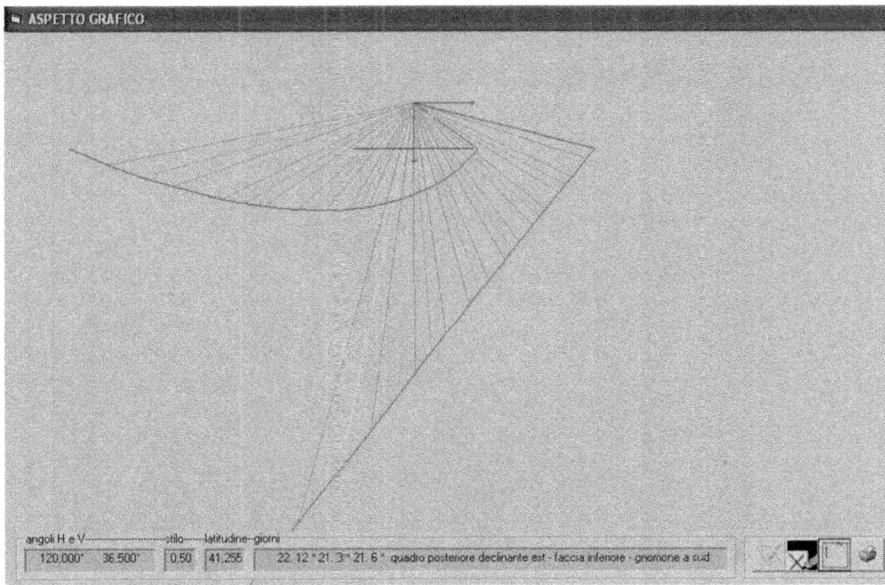

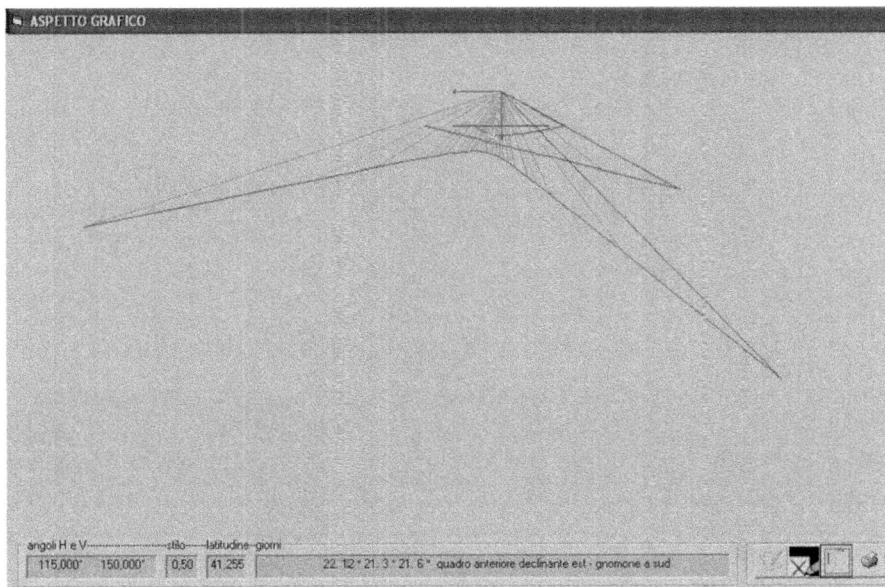

Costruire meridiane

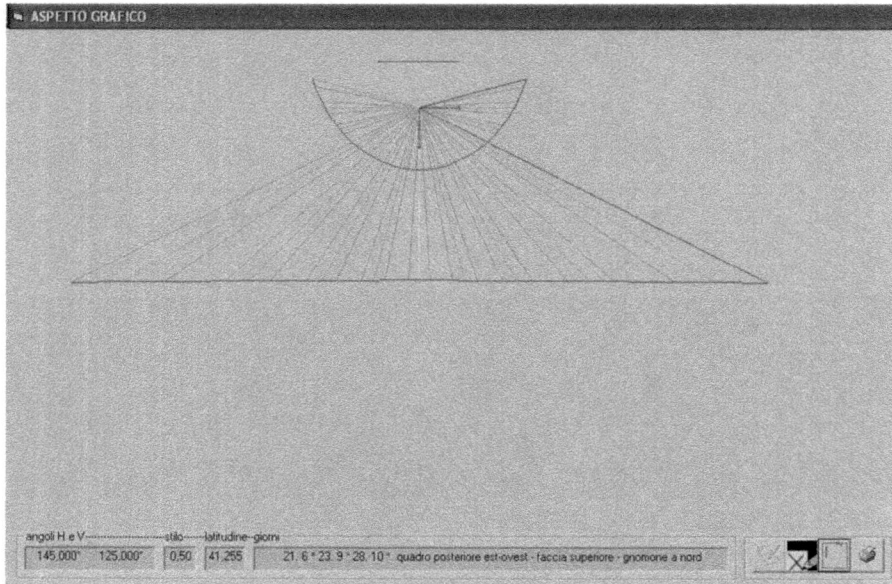

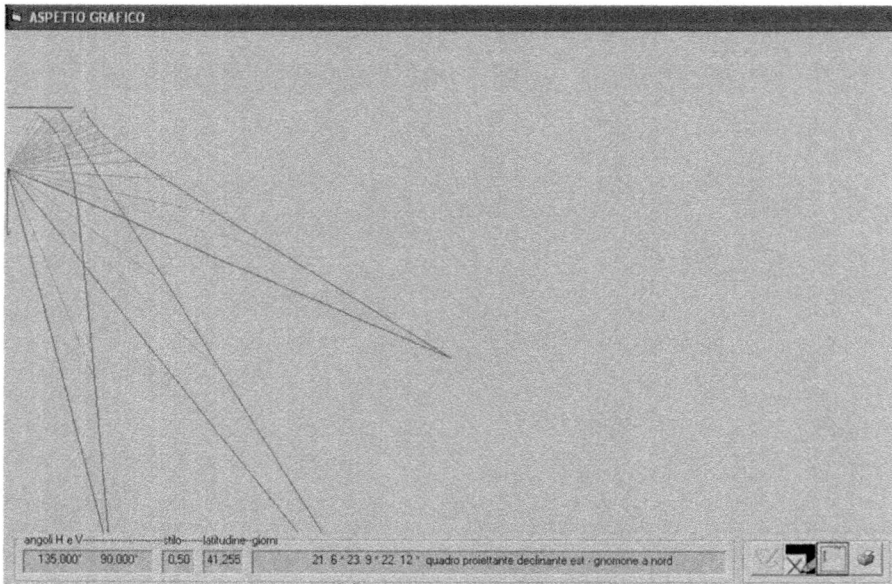

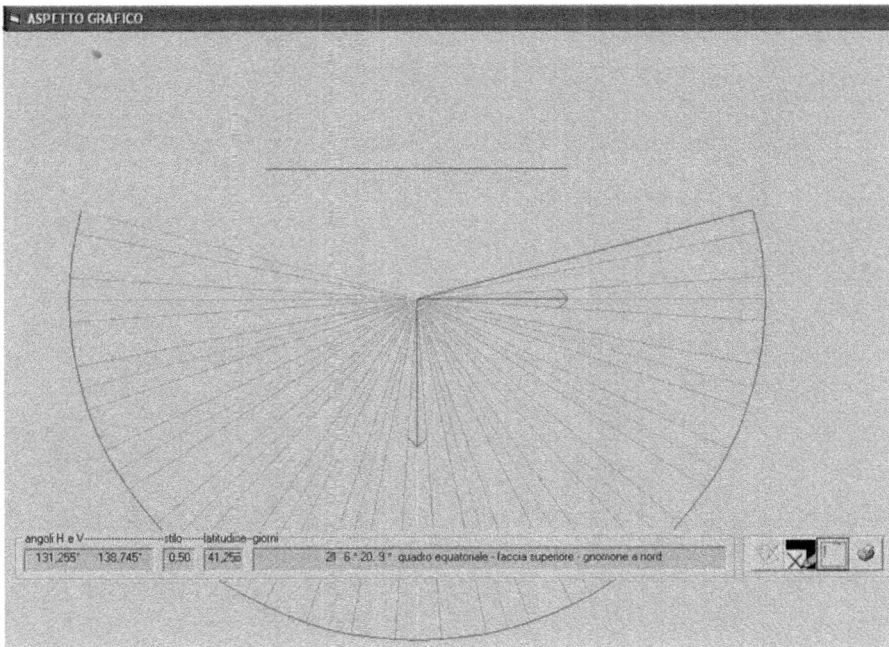

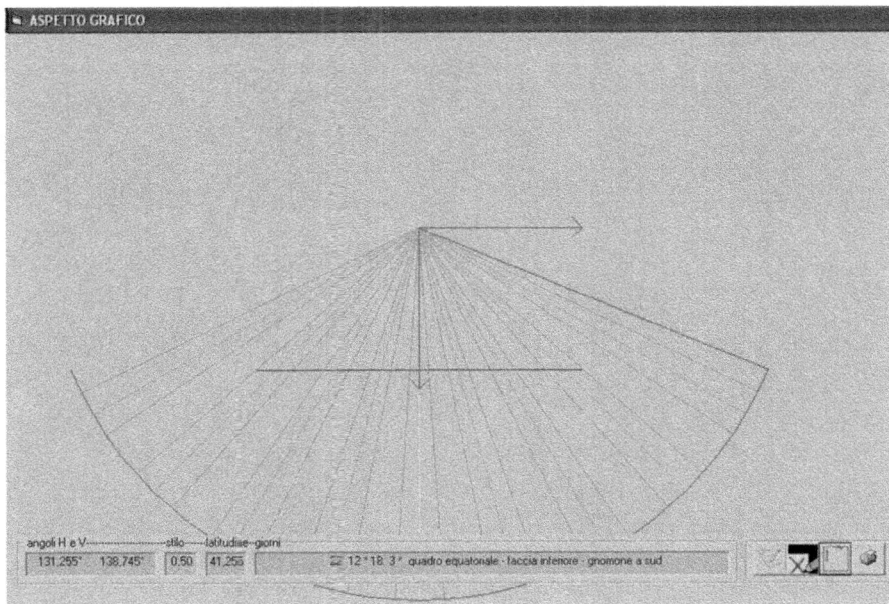

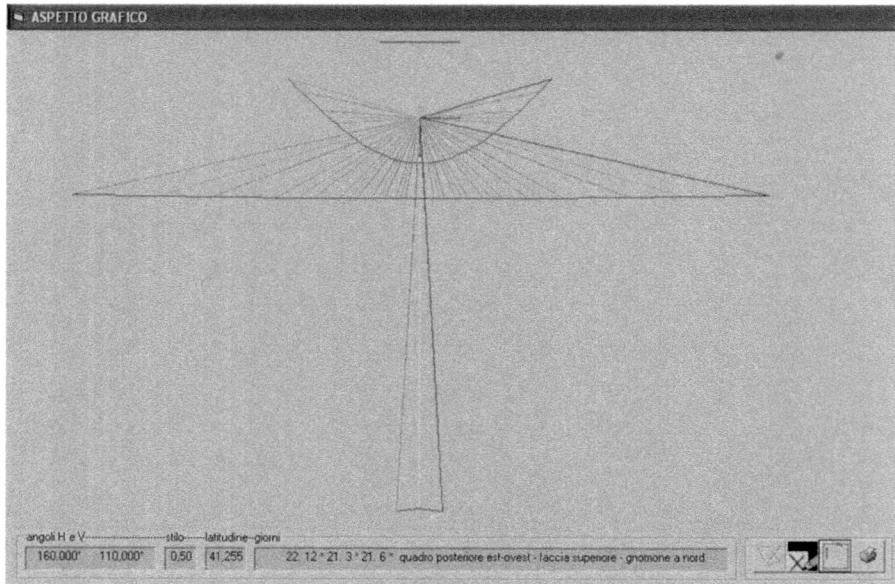

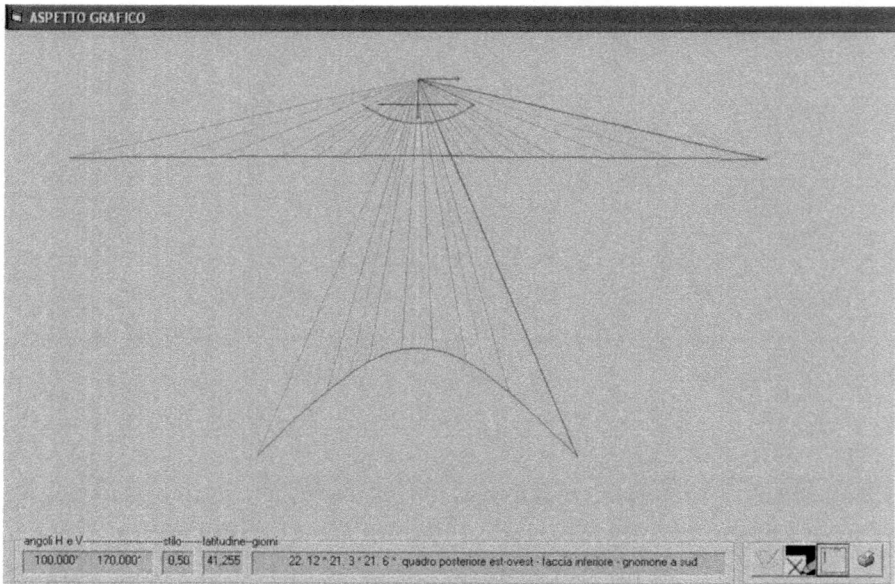

FRANCHETTA A. ***Algebra lineare e*** Liguori editore
       geometria analitica Napoli 1965

FRANCHETTA A. ***Geometria descrittiva*** Liguori editore
               Napoli 1964

DOCCI M.   ***Scienza della***   NIS, Roma1992
MIGLIARI R. ***rappresentazione***
       Fondamenti e *applicazioni*
       della geometria descrittiva

CARDONE V. ***Appunti delle Lezioni di*** CUEN
      Disegno. *Teoria della* Napoli 1994
      rappresentazione

CAPITANO V. *Applicazioni di geometria* Edizioni i.l.a.
      proiettiva e descrittiva al Palma Palermo
      Disegno delle forme Sao Paulo 1972
      geometriche elementari

BOAGA G. (a cura) ***Determinazioni***   I.G.M.
      astronomiche speditive Firenze 1942

DIOTALLEVI ***Il problema sociale***   Officina Edizioni
MARESCOTTI ***costruttivo e economico*** Roma 1984
      dell'abitazione
      (cap. IV - tav. 1÷16)

DUFFETT-SMITH P. **Astronomia pratica**   Sansoni editore
                  con l'uso del calcolatore   Firenze 1983
                  tascabile

MAIELLO F.   **Storia del calendario**   Einaudi editore
                  La misurazione del tempo,   Torino 1996
                  1450-1800

AVENI A.   **Gli imperi del tempo**   edizioni Dedalo
                  Calendari, orologi   Bari 1993
                  e culture

MORCHIO R.   **Scienza e poesia delle**   E.C.I.G.
                  meridiane   Genova 1988
                  Piccolo manuale per
                  leggerle e costruirle

BOSCA G.   **Meridiane e orologi solari**   Il Castello
STROPPA P.   *presentazione,*   Milano 1994
                  interpretazione, metodi
                  grafici per realizzarli
                  Guida pratica

RIGASSI G.C.   **Le ore e le ombre**   Mursia editore
                  Meridiane e orologi solari   Milano 1988

ROHR R.J.R.   **Meridiane**   Ulisse edizioni
                  Storia, teoria, pratica.   Torino 1988

INDICE